KATRIN OBST

FASZIENTRAINING
MUSKELAUFBAU
BALANCE
KOORDINATION

MIT KOSMOS MEHR ENTDECKEN

SO BLEIBT DAS PFERD
GESUND & LEISTUNGS-FÄHIG

SEIT 1822

FITNESS STUDIO

FÜR MEIN PFERD

KOSMOS

INHALT

GESUNDES PFERDE-TRAINING

GESUND UND FIT

Werden Sie zum Personal Trainer Ihres Pferdes.

Richtig trainieren

Ein wohlgeformter Pferdekörper ist nicht nur schön anzusehen. Gute Muskeln an den richtigen Stellen sorgen auch dafür, dass Ihr Pferd lange gesund bleibt. Wie Sie zum persönlichen Fitness Coach Ihres Pferdes werden, zeige ich Ihnen in diesem Buch.

Während meiner fast fünfzehnjährigen Tätigkeit als Physiotherapeutin habe ich eine Vielzahl von Pferden unterschiedlicher Rassen, unterschiedlichen Alters und unterschiedlicher Fitnessgrade kennengelernt. Dabei musste ich erkennen, dass viele Probleme, die Reiter oder Besitzer beschreiben, sich durch ein kontinuierliches, zielgerichtetes und ganzheitliches Training lösen, wenn nicht sogar ganz vermeiden lassen.

Diese Erfahrung war für mich der Anreiz, ein Buch zu schreiben, in dem ich Anregungen und Tipps zum Training geben möchte. Viele der Übungen können Reiter und Pferd gemeinsam machen, so tun beide etwas für ihre Fitness! Fast nebenbei stärken sie aber auch die Bindung und das Vertrauen zwischen Mensch und Pferd. Ob Anfänger oder bereits Fortgeschrittene, ob Freizeitreiter oder Dressurprofi, dieses Buch richtet sich an alle, für die die Gesunderhaltung ihres Pferdes an erster Stelle steht. Man muss sich nur aufraffen und den inneren „Schweinehund“ überwinden, bis der erste Schritt getan ist. Also: Turnschuhe an und los geht's!

TRAININGSAUFBAU

Training bedeutet eine gezielte Belastung von Muskelgruppen mit dem Ziel, diese in ihrer Leistungsfähigkeit an steigende Anforderungen anzupassen. Ist das Training richtig, dann erhöht sich dabei das individuelle Leistungsniveau, sodass der Körper stärkeren Belastungen besser standhält.

Eine ganzheitliche Trainingsweise ist für alle Pferde wichtig. Sie schützt vor Verletzungen und vermeidet ein muskuläres Ungleichgewicht, das dann entsteht, wenn Sie nur einen bestimmten Bereich trainieren, einen anderen aber vernachlässigen.

Trainieren Sie Ihr Pferd zielgerichtet und mit Augenmaß, damit keine muskulären Probleme auftreten.

Eine gleichmäßig trainierte Muskulatur beugt Schmerzen durch Fehlhaltungen vor. Muskeln unterstützen und entlasten die Gelenke. Generell bedeutet Training aber auch, dass Fähigkeiten verbessert und Bewegungsabläufe sicherer werden.
Machen Sie jede Übung auf beiden Händen, um die natürliche Schiefe Ihres Pferdes auszugleichen und die Muskulatur ausgewogen zu fordern. Beginnen Sie mit Übungen, die Ihnen und Ihrem Pferd leicht fallen, und machen Sie zunächst nur wenige Wiederholungen. Steigern Sie diese Anzahl und die Übungsdauer dann langsam, erhöhen Sie die Schwierigkeiten. Machen Sie sich einen Trainingsplan, für eine Woche, für einen Monat oder sogar für ein Quartal. Tragen Sie Turniere und Lehrgänge ein und planen Sie für den

darauffolgenden Tag ein lockeres Programm ohne Reiter zur Regeneration. Überlegen Sie sich mit Ihrem Trainer, was Sie erreichen möchten. Verabreden Sie sich mit Stallkollegen, um gemeinsam zu üben. Das schafft Verbindlichkeit und erhält auch Ihre Motivation. Werden Sie kreativ und denken Sie sich immer neue Aufgaben für Ihr Pferd aus, damit es körperlich fit bleibt und die Lust an der Arbeit nicht verliert.

ANSPANNUNG UND ENTSPANNUNG

Anspannung und Entspannung gehören bei einem guten Training immer zusammen. Bleibt ein Muskel dauerhaft in einer Anspannung, verkrampft er sich und wird nicht mehr mit Blut (und damit mit Nährstoffen) versorgt. Dies führt dazu, dass er nicht wachsen kann. Es findet kein Muskelaufbau statt.

Stellen Sie sich den Aufbau der Muskulatur vor wie den Bau eines Hauses: Sie brauchen regelmäßig eine Lieferung mit neuem Baumaterial, aber auch der Bauschutt muss immer abtransportiert werden.

Der Trainingsplan

Für einen vernünftigen Trainingsplan ist es wichtig, dass Sie vom aktuellen Fitnesslevel Ihres Pferdes ausgehen. Das ist nicht immer leicht einzuschätzen. Sind Sie unsicher, lassen Sie sich am besten von einem guten Trainer oder Physiotherapeuten beraten. Er kann den muskulären Zustand Ihres Pferdes professionell beurteilen und Ihnen gezielt Übungen empfehlen, um die Schwachstellen in Angriff zu nehmen.

Der Trainingsplan wird am besten alle sechs bis acht Wochen geprüft und angepasst. Neue Übungen setzen andere Reize, auch Tempo und die Länge der Pausen werden variiert. Legen Sie neue Kombinationen im Stangentraining, arbeiten Sie mal an den Seitengängen, mal an Übergängen. Bringen Sie Farbe in den Stallalltag.

Beginnen Sie mit einer Stunde Schritt täglich für ein bis zwei Wochen. Dann steigern Sie das Pensum und nehmen den Trab dazu, etwa zehn Runden. Steigern Sie auch hier die Anzahl von Mal zu Mal. Ich persönlich halte nichts davon, nach Minuten zu trainieren, da man auf dem Pferd nicht ständig die Uhr im Blick hat. Zählen Sie lieber die Runden und machen Sie auf jeder Hand gleich viele Wiederholungen. Haben Sie im Trab pro Trainingseinheit auf etwa 20 Runden pro Hand gesteigert, können Sie auch nach dem selben Prinzip Galopptraining dazunehmen. Achten Sie darauf, dass Ihr Pferd keine Ermüdungsanzeichen zeigt und nach dem Training in angemessener Zeit wieder in den Ruhepuls kommt.

Auch eine Pause kann eine Belohnung für das Pferd sein.

PAUSEN MACHEN FIT

Ein Trainingsreiz bewirkt mikroskopisch kleine Verletzungen in Muskeln, Sehnen und Bändern. Diese (gewünschten) Mikroläsionen verheilen am besten in Ruhe. Ein zu früher erneuter Trainingsreiz führt zu Schmerzen, senkt das Leistungsniveau und erhöht die Gefahr einer Überlastung. So kann es zum Beispiel zu einer Sehnenverletzung kommen.

Fehlbelastungen, monotone Bewegungsabläufe und untrainierte Muskeln können Muskelkater verursachen. Nach jeder Trainingseinheit ist es daher zwingend notwendig, den Muskeln eine Pause zu gönnen. Zu kurze Erholungsphasen lassen den Regenerationsprozess nicht stattfinden. Aber: Zu lange Erholungsphasen verhindern die Anpassung und die Steigerung des Leistungsniveaus.

Mentale Ermüdung

Eine Ermüdung kann nicht nur körperlich, sondern auch mental stattfinden. Dann lässt die Konzentration nach, das Ohrenspiel ist nicht mehr so lebhaft, die Übung klappt nicht mehr.

ERMÜDUNG

So erkennen Sie, dass Ihr Pferd müde ist:

- Das Pferd hebt die Beine nicht mehr richtig an oder stolpert sogar.
- Bei der Stangenarbeit touchiert das Pferd die Hindernisse immer wieder.
- Die Schrittlänge ist verkürzt.
- Die Losgelassenheit geht verloren, die Muskulatur verkrampft sich.
- Das Pferd fällt aus, z. B. vom Galopp in den Trab.

Einige Pferde werden auch frech, wenn sie müde sind, oder bocken und steigen, um sich der Situation zu entziehen.
Viele neue Eindrücke und abwechslungsreiche Arbeit führen dazu, dass das Pferd vielleicht schneller ermüdet, als wenn Sie das gewohnte Programm von ihm fordern. Gönnen Sie sich und Ihrem Pferd regelmäßig Pausen. Bei jungen Pferden kann das durchaus alle zwei bis drei Minuten sein. Bei erwachsenen Pferden empfiehlt es sich, etwa alle acht bis zehn Minuten eine kurze Verschnaufpause einzulegen.

Wenn Smarty sich nicht mehr konzentrieren kann, geht er schon mal in die Luft. Besser ist es, rechtzeitig eine Pause zu machen.

KLEINE MUSKELKUNDE

Der Aufbau der Muskeln

Jeder Muskel besteht aus einer großen Anzahl Faserbündeln aus Muskelzellen und hat einen Muskelbauch aus gebündelten Muskelfasern. Jede einzelne Faser sowie auch der Muskelbauch (als Faserbündel) werden noch einmal von einer Faszie umgeben. Ansatz und Ursprung sind sehnig und verjüngen sich, um optimal am Knochen anzusetzen. Durch Verkürzung des Muskelbauches wird der anheftende Knochen bewegt. Die quergestreifte Muskulatur (Skelettmuskulatur) wird auch Bewegungsmuskulatur genannt. Ihre Arbeit kann willentlich gesteuert werden („ich spanne meinen Bizeps an"). Sie kann aber auch unwillkürlich erfolgen, zum Beispiel wenn ein Reflex ausgelöst wird. Zu den Aufgaben der Skelettmuskulatur gehören neben der Fortbewegung auch Mimik, Wärmeregulierung, Schutz der inneren Organe und Stoßdämpfung. Im Gegensatz zur glatten Muskulatur ist sie für die Formgebung des Körpers zuständig. Für uns Reiter ist die Skelettmuskulatur deswegen interessant, weil wir sie trainieren können.

Muskelketten

Man unterscheidet die ventrale Muskelkette, die am Bauch verläuft, und die dorsale Muskelkette am Rücken.

TIPP

Pferde haben ca. 500, Menschen sogar 650 Muskeln. Für ein Lächeln braucht man ungefähr 17 Muskeln.

Blau: dorsale Muskelkette; Rot: ventrale Muskelkette

Die ventrale Muskelkette besteht aus

- Halsbeugern an der Unterseite des Halses
- Bauchmuskeln
- Beuger der Brust- und Lendenwirbelsäule
- Beuger des Lumbosacralgelenks
- vorderen Oberschenkelmuskeln (Hüftgelenkbeuger)

Die dorsale Muskelkette besteht aus

- oberer Halsmuskulatur
- Nacken- und Rückenbandsystem
- oberer Kruppenmuskulatur

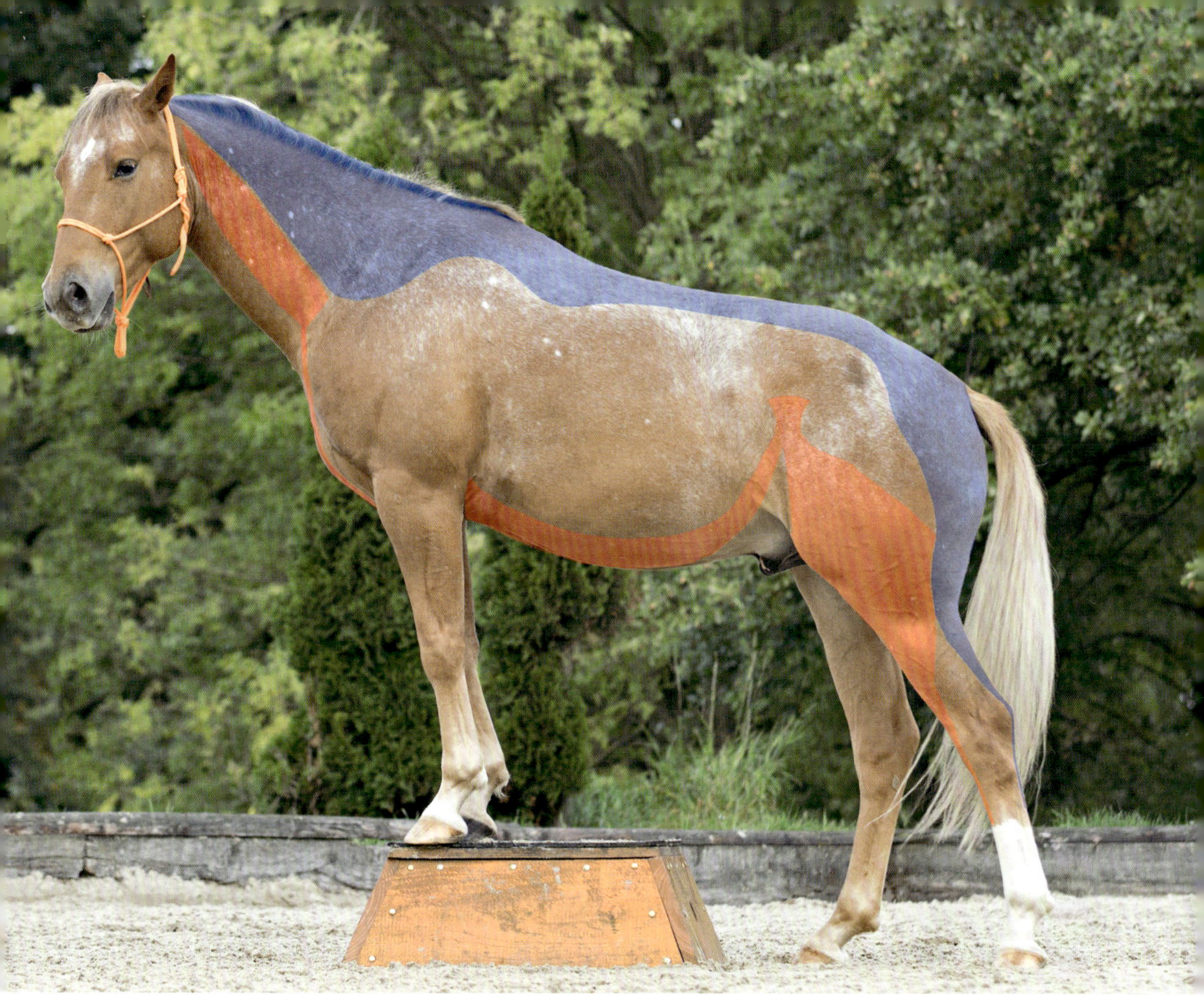

– Lendenmuskulatur
– hinteren Oberschenkelmuskeln (Hüftgelenkstrecker)

So entsteht Bewegung

Einzelne Muskelbereiche arbeiten gemeinsam in Muskelgruppen. An einer Bewegung, wie zum Beispiel dem Anheben des Vorderbeins, sind mehrere Muskeln gleichzeitig beteiligt. Jeder Muskel hat einen „Gegenspieler". Man spricht von Agonist und Antagonist. Beide sind im Körper wichtige Partner, die immer voneinander abhängig sind. Ihre Wirkung ist gegensätzlich, der eine spannt an, der andere dehnt. Ein gutes und bei Sportlern bekanntes Beispiel dafür sind Bizeps (Unterarmbeuger) und Trizeps (Unterarmstrecker). Der Agonist (Bizeps) zieht sich zusammen und beugt damit das Gelenk zwischen zwei Knochen. Der Trizeps (Antagonist) verhindert durch eine dosierte Gegenspannung, dass das Gelenk überbeugt und damit instabil wird.

Bei der Podestarbeit wird durch den Bewegungsablauf jede Form der Muskelarbeit abgefragt.

In der Bewegung arbeitet der Muskel dynamisch. Haltemuskeln dagegen arbeiten statisch. Trainieren wir unsere Muskeln, so können wir das isometrisch tun, indem wir eine Übung nur halten. In der konzentrischen Arbeit zieht sich der Muskel zusammen, in der exzentrischen Arbeit dehnen wir den Muskel.

NETZWERK FASZIEN

Viele Jahre sträflich vernachlässigt, gewinnt das Thema Faszien gerade an Bedeutung. Faszien umhüllen Muskeln, Organe und andere Strukturen im Körper und grenzen sie voneinander ab. Sie verbinden aber auch alles im Körper wie ein Spinnennetz. Da sie als Stoßdämpfer funktionieren, hat es oberste Priorität, sie elastisch zu halten.
Für die Gesunderhaltung der Faszien ist es wichtig, eine Übersäuerung zu vermeiden. Füttern Sie nur bedarfsgerecht Kraftfutter und verzichten Sie auf Silage, denn beides wirkt sich negativ auf die so wichtigen Bindehäute aus. Für die Elastizität ist es außerdem entscheidend, dass das Pferd sich frei bewegen kann. Bereits Fohlen und Absetzer bekommen Probleme, wenn diese freie Bewegung eingeschränkt ist.
Auch durch falsches Equipment entstehen Verklebungen der Faszien. Sitzt der Sattel nicht optimal, bewirkt das eine Kompression der großen Rückenfaszie. Diese lässt

Durch freie Bewegung und auch beim Wälzen lösen sich Faszienverklebungen.

sich mit Wärme, Massagen und moderater Bewegung ohne Reiter lösen. Übungen dazu finden Sie in den Kapiteln „Bauch, Beine, Po", „Zumba" und „Pilates". Natürlich muss der Sattel angepasst werden. Da Faszien mit fortschreitendem Alter spröder werden, sind ältere Pferde weniger elastisch und brauchen eine längere Aufwärmphase. Durch die Vernetzung des gesamten Körpers mit Faszien ist eine gestörte und verklebte Faszie auch für andere Areale ein Fluch und kann im schlimmsten Fall sogar Organprobleme verursachen. Daher gibt es kaum eine manuelle physiotherapeutische Behandlung, bei der die Bindehäute außer Acht gelassen werden.

GUT FÜR LOCKERE FASZIEN

- Freie Bewegung ohne Sattel und Reiter
- Abwechslungsreiches Training
- Pilates für Pferd und Reiter
- Wälzen
- Stressreduktion
- Wenig Zucker
- Wenig Kraftfutter, viel Bewegung

WARM-UP FÜR PFERD

UND REITER

LANGSAM BEGINNEN

Nehmen Sie sich Zeit für das Aufwärmprogramm. Es bewahrt Ihr Pferd vor Verletzungen und bereitet optimal auf das Training vor.

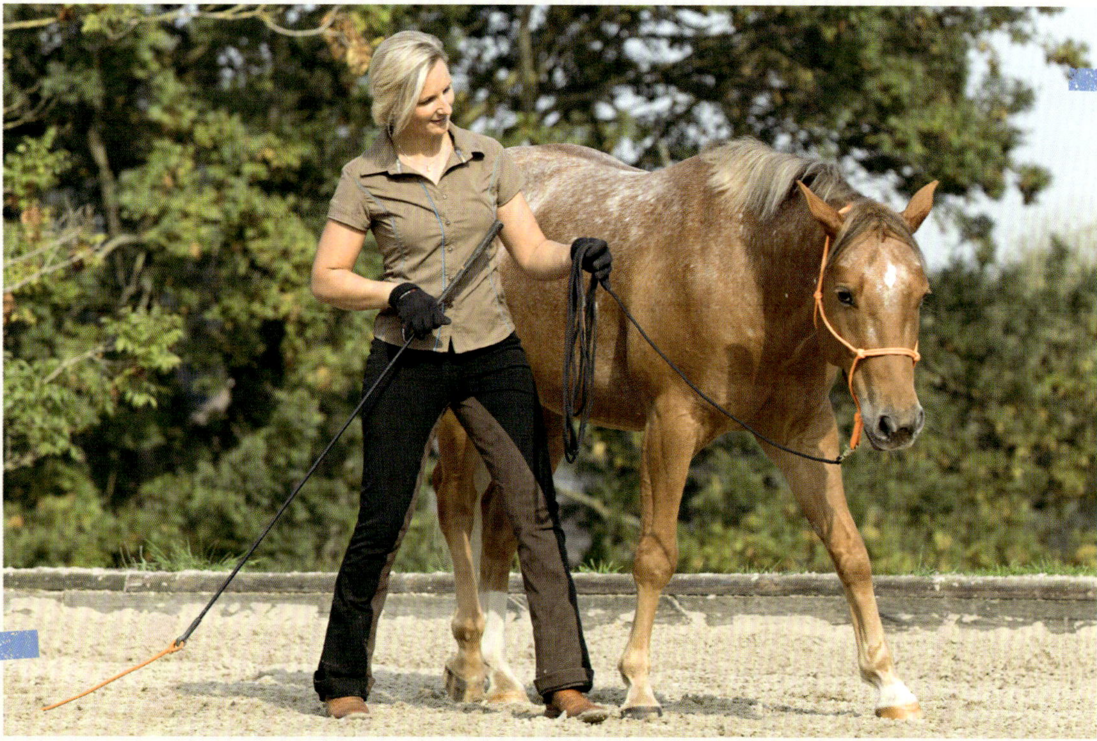

Geh es locker an!

Genau wie in jeder anderen Sportart starten wir mit einem Aufwärmtraining, um unser Pferd vor Verletzungen und Verspannungen zu schützen. Und da beim Reiten nicht nur das Pferd, sondern auch der Reiter aufgewärmt werden sollte, bietet es sich an, das Warm-up gemeinsam zu machen.

Ziel dieser Anfangsphase ist es, die Muskulatur aufzuwärmen und das Herz-Kreislauf-System zu aktivieren. Muskeln, Sehnen und Bänder werden optimal vorbereitet, das verhindert Zerrungen, Stauchungen, Muskelfaserrisse oder andere Verletzungen.

Die Gelenke, die als Verbindungsstellen zweier Knochen ein wahres Wunderwerk der Natur sind, werden durch ein gründliches Warm-up ebenfalls nachhaltig geschützt. Die Ernährung des Gelenkknorpels erfolgt über die Gelenkflüssigkeit (die sogenannte Synovia), denn er selbst besitzt keine Blutgefäßversorgung. Diese Flüssigkeit wird bei wechselnder Be- und Entlastung des Gelenks gebildet. Sie ist gelartig, „schmiert" das Gelenk gewissermaßen und hat eine stoßdämpfende Wirkung.

Mit steigender Anforderung erhöhen sich die Atemfrequenz und der Puls. Der gesamte Stoffwechsel kommt in Schwung und die Muskulatur wird besser durchblutet und mit Sauerstoff versorgt.

Auch mental kommen Sie und Ihr Pferd langsam in den Arbeitsmodus, die Konzentration wächst.

DER ZEITFAKTOR

Wie viel Zeit wir in die Aufwärmphase investieren sollten, hängt von verschiedenen Faktoren ab. Ist ein Pferd zum Beispiel im Sommer den ganzen Tag auf der Weide oder wird es in einem Offenstall gehalten, in dem es sich frei bewegt, kann das Warm-up kürzer ausfallen als bei einem Pferd aus Boxenhaltung oder bei kalten Temperaturen im Winter. Auch das Alter des Pferdes spielt eine Rolle. Ein junges Pferd ist schneller startklar als ein älteres Pferd, bei dem die Produktion der Gelenkschmiere weniger wird und die Elastizität der Gelenke und der Faszien abnimmt.

Besonders Pferde mit Vorerkrankungen (zum Beispiel Arthrose oder Kissing Spines) müssen deutlich länger aufgewärmt werden, um Schmerzen zu verhindern.

SPORTSFREUNDE TRAINIEREN ZUSAMMEN

Bodenarbeit und Longieren

Ein Warm-up am Boden hat Vorteile: Ihr Pferd kann sich uneingeschränkt bewegen und ohne Reitergewicht auf Betriebstemperatur kommen. Und auch Sie werden fit, wenn Sie sich vor dem Aufsteigen ein wenig bewegen. Das lockert verspannte Muskeln und vertreibt die Alltagsgedanken.

Zunächst einmal sollte das Pferd locker und frisch und im Schritt vorwärts gehen und sein persönliches Wohlfühltempo nutzen dürfen. Bei kleinen, kompakten Pferden ist das Tempo meist ruhiger, weil sie von Grund auf mehr Stabilität haben als große, schlaksige Pferde, die ihre Instabilität häufig durch erhöhte Geschwindigkeit ausgleichen. Ein gut ausgebildetes Pferd wird auch ruhiger gehen als ein Jungpferd. Es ist wie bei einem Kind, das Fahrradfahren lernt: Geschwindigkeit stabilisiert! Die Schrittphase sollte je nach Pferd und Gegebenheiten 15 bis 30 Minuten dauern. Eine zu frühe Belastung führt zu Verspannungen und schadet den Gelenken.

GEMEINSAM AUFWÄRMEN

Sie können das Warm-up mit Ihrem Pferd am Boden machen, indem Sie gemeinsam im Schritt losmarschieren. Das muss nicht in der Halle oder auf dem Reitplatz sein: Eine Runde um

RÜCKENPROBLEMEN VORBEUGEN

Es ist wichtig, dass das Pferd den Hals fallen lassen kann und vorwärts „schreitet". Die Anatomie des Pferdes gibt vor, dass der Rücken durch das Absenken des Kopfes angehoben wird. Dies führt dazu, dass die Rückenlinie gedehnt wird, die Abstände der Dornfortsätze vergrößern sich und die Beweglichkeit des Rückens nimmt zu. Aus diesem Grund empfehle ich immer, ein Pferd ohne Ausbinder zu trainieren, denn sie lassen diesen Bewegungsablauf nicht zu, sondern wirken rückwärts und behindern die Losgelassenheit des Pferdes.

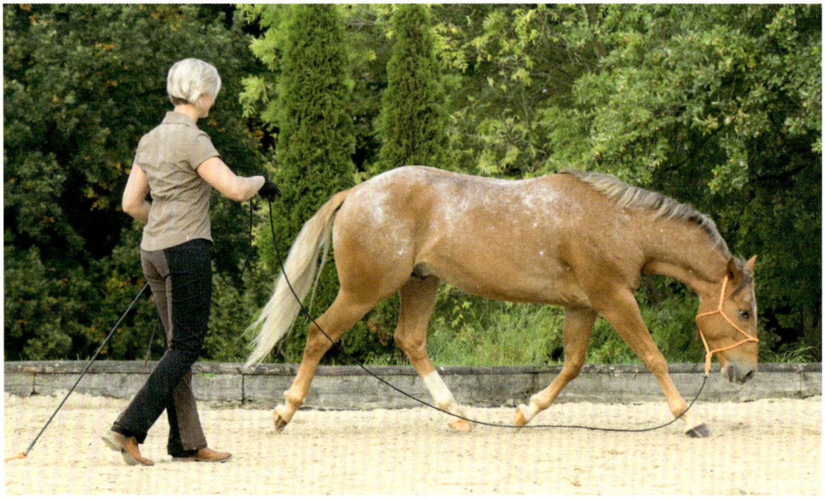

Das gleichmäßige An- und Entspannen der Muskulatur, Abschnauben, Schweifpendeln und ein zufriedener Gesichtsausdruck sind Zeichen für ein losgelassenes Pferd und oberstes Ziel beim Warm-up.

den Hof macht munter und erhöht die Aufmerksamkeit. Hier merken Sie außerdem schon, wie Ihr Pferd heute so drauf ist: Hat es Lust, mit Ihnen etwas zu unternehmen, ist es locker und motiviert oder eher ein wenig müde und lustlos?
Alternativ können Sie das Pferd natürlich auch longieren oder im Schritt warmreiten.

AN DER LONGE

Nutzen Sie beim Warm-up an der Longe nach Möglichkeit den ganzen Platz. Variieren Sie zwischen Gerade und Biegung und wechseln Sie regelmäßig die Hand, um der natürlichen Schiefe des Pferdes entgegenzuwirken und beide Seiten gleichmäßig zu lockern. Auch wenn das Pferd zwischendurch mit Kopf und Hals zu tief oder zu hoch kommt, ist das nicht schlimm. Wichtiger ist, dass es fleißig vorwärts geht und locker ist. Das erkennen Sie am feinen Pendeln des Schweifes und an einem zufriedenen Gesichtsausdruck. Vielleicht schnaubt das Pferd auch schon ab und signalisiert so, dass es sich löst. Achten Sie auf passendes und griffiges Equipment, ob Knotenhalfter, Stallhalfter oder Kappzaum ist zweitrangig. Entscheidend ist die gute Passform, die eine präzise und feine Hilfengebung ermöglicht. Sie können ein langes Führseil (mindestens sieben Meter) oder eine Longe verwenden, um dem Pferd den größtmöglichen Raum zu geben.
Longieren Sie unbedingt auf einem großen Zirkel. Häufig sind Longierzirkel so klein, dass es für ein junges oder untrainiertes Pferd nahezu unmöglich ist, darin zu galoppieren. Je kleiner der Durchmesser, desto

TIPP

Auch der Mensch muss beweglich sein – gönnen Sie sich selbst hin und wieder einen Spaziergang!

mehr Last muss das Pferd im Galopp mit dem inneren Hinterbein aufnehmen. Ein junges Pferd hat dazu noch nicht ausreichend Kraft. Generell ist aber ein kleiner Zirkel für kein Pferd gesund: Die natürliche Schiefe wird verstärkt, die Gelenke werden überlastet.

FASZIENGYMNASTIK

Faszien verbinden nahezu alle Strukturen im Körper und müssen daher ebenso aufgewärmt werden wie Muskeln. Bauen Sie einfache, gymnastizierende Übungen in die Aufwärmphase ein, um das Pferd zu lockern. Das können Hufschlagfiguren sein oder Sie lassen das Pferd einige Schritte übertreten. Das Kreuzen der Beine mobilisiert die vordere Brustwirbelsäule und die Vorhand/Schulter. Üben Sie miteinander, es macht Spaß und erhöht die Konzentration.
Für die Arbeit an der Hand muss das Pferd gelernt haben, auf Ihre Körpersprache zu achten und mit der Schulter zu weichen. Lenken Sie es nicht über das Halfter zur Seite.

1 Übertreten hat einen enormen gymnastizierenden Effekt auf den gesamten Körper.

2 Der Abstand zwischen Ihnen und dem Pferd sollte während der Übung gleich bleiben.

3 Versuchen Sie, so wenig wie möglich über das Seil zu steuern und arbeiten Sie über Ihre Körpersprache.

1

2

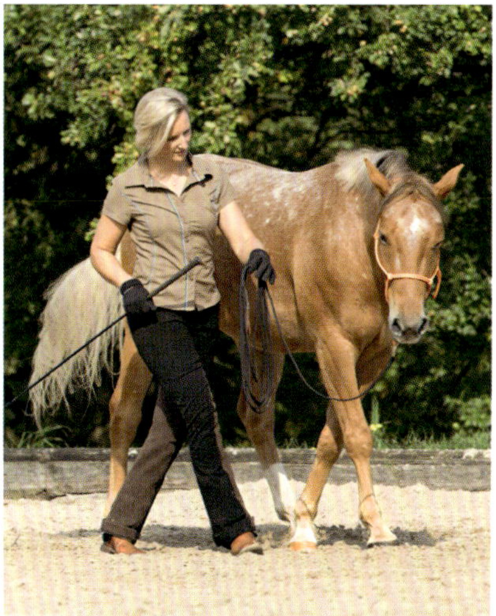

3

AKTIV UND LOSGELASSEN

Im Warm-up darf das Pferd sich strecken. Fleißiges Vorwärts und Losgelassenheit stehen im Vordergrund.

Im Sattel

Alternativ zum Warm-up vom Boden aus können Sie das Pferd auch von Beginn an warmreiten. Das ist weniger ideal, ähnelt es doch mehr einem „Kaltstart“ für beide. Es funktioniert aber, wenn Sie auch hier einige Regeln beachten, um einen optimalen Einstieg ins Training zu schaffen.

Beginnen Sie das Training mit Ihrem Pferd am Boden, hat das den Vorteil, dass die Muskulatur sich ohne Reitergewicht aufwärmen kann. Reiten Sie das Pferd warm, führen Sie es am besten zuerst ein paar Runden, bevor Sie aufsteigen. Dann sind Sie beide schon ein bisschen in Schwung und Sie können auch noch in Ruhe peu à peu nachgurten.

ZIEL ERREICHT

Lassen Sie die Zügel beim Schritt reiten lang, sonst geht der Takt verloren und das Pferd streckt sich nicht locker vorwärts. Ziel ist es, dass das Pferd sein Becken abkippt und einen guten Raumgriff bekommt. Aktives Untertreten entlastet die Vorhand und beugt Verschleißerscheinungen wie Arthrose in den unteren Beingelenken vor. Nach der lösenden Schrittarbeit können Sie das Tempo allmählich steigern. Manche Pferde werden durch einen schwungvollen Trab oder einen kleinen Galopp so richtig locker. Phlegmatiker schalten manchmal erst in den Arbeitsmodus um, wenn sie vorwärts geschickt werden.

Und da nicht nur der Körper, sondern auch der Geist geweckt werden muss, können Sie schon zu Beginn des Trainings einfache Aufgaben einbauen. Ich empfehle zum Beispiel Bahnfiguren wie Schlangenlinien, Zirkel, Volten und häufige Handwechsel in dieser Phase.

Balance ist alles

Yvi, Oli & Smarty

Das Küken im Buch ist unser erst vierjähriger Smarty, ein waschechter Appaloosa-Wallach, den wir vor einem Jahr zu uns geholt haben. Während Yvi sich auf dem Rücken um die reiterliche Ausbildung des Youngsters kümmert, unterstützt Oli die beiden bei der Bodenarbeit und geht mit Smarty joggen.
Smarty lebt gemeinsam mit seinem Freund Flory (ebenfalls ein junger Appaloosa-Wallach) in einem Offenstall. Wir haben ihn mit viel Bodenarbeit vorbereitet und dann dreieinhalbjährig angeritten.

ALLROUNDER MIT WACHEM GEIST

Smarty bekommt viel zu sehen. Ob Basisarbeit unter dem Sattel, ausgedehnte Spaziergänge, Jogging-Einheiten, die Arbeit an Trail-Hindernissen oder über kleine Sprünge – der Kalender ist immer voll mit ganz unterschiedlichen Unternehmungen. Durch die abwechslungsreiche Arbeit entwickelt sich Smarty zu einem tollen Allrounder und arbeitet hochmotiviert mit.

GANZ WICHTIG: PAUSEN

Smarty ist oft übereifrig und neigt wie viele junge Pferde dazu, in die Luft zu gehen, wenn er sich überfordert fühlt. Aus diesem Grund achten wir immer darauf, dass er genügend Pausen im Training hat und nachdenken kann. Neue Dinge lernt er erst einmal am Boden kennen – Sicherheit geht vor!
Wir üben lieber öfter und in mehreren, kurzen Einheiten, da er sich sonst nicht mehr so gut konzentrieren kann.

KATRINS TIPP

Smarty neigt dazu, auf der Vorhand zu gehen. Deswegen ist es wichtig, dass er im Laufe seiner Ausbildung lernt, den Brustkorb zu heben und mehr Last mit der Hinterhand aufzunehmen. Das kann er nur, wenn er den Rücken aufwölbt und die Hanken verstärkt beugt.
Der Spanische Gruß ist eine wirklich hilfreiche und gute Übung für Smarty, denn diese Lektion mobilisiert spielerisch seine Schulterpartie und hebt den Brustkorb.
Außerdem empfehle ich Yvi und Oli auch, viele Übergänge zu reiten. So stärken sie Smartys Hinterhand, damit sie langfristig mehr Last übernehmen kann. Die notwendige Kraft entwickelt sich durch planvolles, gezieltes Training und nicht von heute auf morgen. Yvi und Oli geben Smarty dazu die notwendige Zeit.

SMARTYS MOTTO

Die zwei mächtigsten Krieger sind Geduld und Zeit.
(Leo Tolstoi)

BAUCH, BEINE, PO

ABWECHSLUNGSREICHES WORKOUT

Das Ganzkörpertraining formt Muskeln an den richtigen Stellen und lässt jedes Pferd schöner werden.

Rundum in Form

Wer träumt nicht von straffen Bauchmuskeln, muskulösen Beinen und einem knackigen Po… Wie Sie Ihr Pferd in eine schöne Form bringen können, zeige ich in diesem Kapitel. Viele der vorgestellten Übungen trainieren gleichzeitig mehrere Körperpartien und sind sehr effektiv.

Betrachten Sie Ihr Pferd von der Seite aus einiger Entfernung. Passt alles zusammen? Sieht es harmonisch aus? Bei einem gut trainierten Pferd stimmen die Proportionen und kein Bereich fällt besonders ins Auge. Am leichtesten können Sie das beurteilen, wenn Sie Ihr Pferd gedanklich in drei Abschnitte gliedern: Hals/Schulter, Rücken und Hinterhand.
Ist eine Zone schwach bemuskelt, wird es Zeit, mit einem gezielten Training entgegenzuwirken. Das beugt Schmerzen und Langzeitschäden vor. Baut Ihr Pferd keine Muskulatur auf, fragen Sie einen Experten um Rat. Vielleicht passt der Sattel nicht oder Sie müssen die Fütterung umstellen.

VOM WASCHBÄRBAUCH ZUM WASCHBRETTBAUCH

Besonders wichtig für ein Pferd sind starke Bauchmuskeln. Sie sind Teil der ventralen Muskelkette und gehören zum „Powerhouse“ des Pferdes, dem Kraftzentrum in der Körpermitte.
Die Bauchmuskeln sind als Gegenspieler zum Rücken maßgeblich verantwortlich für eine korrekte Rückenhaltung, denn sie sorgen mit dafür, dass das Pferd die Wirbelsäule aufwölben kann. Spannen sich die Bauchmuskeln an, kippt das Becken nach vorn, und das Pferd kann mit den Hinterbeinen unter den Schwerpunkt des Körpers treten. Das Pferd nimmt mehr Last mit der Hinterhand auf.

TIPP

Fotografieren Sie Ihr Pferd im Abstand von etwa drei Monaten von allen Seiten. So dokumentieren und registrieren Sie Veränderungen besonders objektiv, und zwar im negativen und im positiven Sinn.

Außerdem beugt das Aufwölben des Rückens auch Problemen wie Kissing Spines vor, weil die Dornfortsätze immer wieder ihren Abstand vergrößern.

GESUNDE BEINE

Warum die Beine eines Pferdes gesund sein müssen, liegt auf der Hand. Im Durchschnitt bringt ein Pferd 500 Kilogramm auf die Waage. Diese Masse muss gut auf die vier relativ kleinen „Beinsäulen" verteilt werden.

2

1. In der Schulparade trainieren Profis Bauch, Beine und Po gleichzeitig

2. Training ist gut. Aber geben Sie den Muskeln auch ausreichend Zeit, sich zu erholen.

1

Pferdebeine sind nur bis zum Vorderfußwurzel- bzw. Sprunggelenk mit Muskulatur ausgestattet. Unterhalb dieser Gelenke finden wir die langen Sehnen des Pferdes. Vor allem der Fesselträger ist anfällig für Überlastungen durch monotone Arbeit.
Deswegen empfehle ich, die Pferde nicht zu früh anzutrainieren und auch nicht täglich zu reiten. Geben Sie den Muskeln Zeit, sich zu entwickeln, und vermeiden Sie zu intensive Trainingsphasen während des Wachstums. Sorgen Sie für Abwechslung, indem Sie Bodenarbeit machen, ausreiten, longieren und dem Pferd immer wieder einen Tag Auszeit auf der Weide gönnen.

DIE KEHRSEITE STÄRKEN

Ein runder Apfelpopo gefällt den meisten Reitern gut. Da das Pferd einen „Heckantrieb" hat, spricht ein gut bemuskeltes Hinterteil für Kraft und Power. Durch den langen Hals und den schweren Kopf hat das Pferd eine Gewichtsverteilung von 60:40 auf der Vorhand. Eine kräftige Hinterhand, die Last übernimmt, beugt also auch vorzeitigen Verschleißerscheinungen vor.

JE KÜRZER DIE BEINE, UMSO SCHWERER DER JOB.

Cavaletti-Arbeit

Cavaletti-Arbeit macht schöne Beine. Für das Heben der Beine sind unterschiedliche Muskeln zuständig, die durch die Arbeit mit den Stangen trainiert werden. Stellen Sie sich eine Marionette vor: Es gibt Fäden (Muskeln), die vom Rumpf zum Bein gehen und das Bein beugen und anheben.

Um ein Pferd an die Arbeit mit Stangen oder Cavaletti zu gewöhnen, beginnen Sie am Boden. Nutzen Sie zunächst nur eine einzelne Stange. Ob Sie diese gemeinsam mit Ihrem Pferd überwinden oder das Pferd allein darüber gehen lassen, ist egal. Verwenden Sie einen langen Führstrick oder eine Longe. So können Sie dem Pferd genügend Raum geben, falls es überraschend einen großen Satz macht.

CAVALETTI-TRAINING

IST BESONDERS GUT ...

- für Pferde, die die Beine nicht gut anheben;

EIGNET SICH NICHT ...

- für Pferde, die akute Sehnenprobleme haben.

STEIGÜBUNGEN MIT GROSSER WIRKUNG

Die Stangenarbeit bringt meist schnelle Erfolge. Ihr Pferd lässt im Rücken los und dehnt sich vorwärts-abwärts, Anlehnung und Losgelassenheit verbessern sich wie von Geisterhand. Warum? Hier machen wir uns die Biomechanik des Pferdes zunutze: Das Pferd muss zu den Cavalettis hinschauen und senkt dabei seinen Kopf nach vorne und nach unten. Über das Nackenband, das am Hinterhauptsbein beginnt, hebt das Pferd in dieser Hals-Kopf-Position seinen Rücken an, die Lendenwirbelsäule wird aufgewölbt, das Becken kippt nach vorne. Dadurch tritt die Hinterhand automatisch weiter unter und kann mehr Last übernehmen.

Welcher Stangenabstand richtig ist, hängt vom Raumgriff und der Beinlänge Ihres Pferdes ab.

Takt und Gefühl

Pferde, die Probleme haben, ihren Takt zu finden und dazu neigen, Pass zu gehen, bekommen durch die Arbeit mit den Stangen ein besseres Gefühl für das Gleichmaß ihrer Bewegungen. Auch kleine Stangenkreuze haben einen guten Trainingseffekt. Sie erfordern eine hohe Aufmerksamkeit, denn das Pferd muss nicht nur die Beine heben, sondern zusätzlich darauf achten, dass es genau über die Mitte des Stangenkreuzes geht. Das bewirkt, dass der Hals sich wölbt, auch der Widerrist hebt sich an, die Vorhand bekommt Platz.

DER RICHTIGE STANGENABSTAND

Abgesehen von der Größe des Pferdes und seinem Raumgriff entscheidet auch die Gangart darüber, wie weit auseinander die Stangen liegen sollten.

Der richtige Abstand ist

- im Schritt bei etwa 80 bis 90 Zentimetern;
- im Trab bei etwa 120 bis 130 Zentimetern;
- im Galopp bei etwa 3 Metern zwischen den Stangen.

Bei kleinen Sportlern wie Shetty Marvin muss der Abstand eher geringer sein. Testen Sie aus, bei welcher Distanz Ihr Pferd die Stangen im Fluss meistert.

1. Unerfahrene Pferde dürfen sich den Aufbau erst einmal ansehen. Nehmen Sie Stangen, die sich farblich gut vom Boden abheben.

2. Liegen die Stangen weiter auseinander, muss das Pferd größere Schritte machen. Vergrößern Sie peu à peu die Abstände, so verbessern Sie den Raumgriff.

3. Bei erhöhten Stangen muss das Pferd die Beine mehr anheben. Das verstärkt den Trainingseffekt.

1

2

3

Von einfach zu schwer

Hat Ihr Pferd ohne Reiter gelernt, sicher und locker über die Stangen zu gehen, dürfen Sie diese Übung im Sattel machen. Beginnen Sie mit einer Stange und legen Sie allmählich bis zu vier Stangen. Wenn möglich, machen Sie Cavaletti-Stunden nicht alleine. Es hilft und spart Zeit, wenn Sie nicht jedes Mal aus dem Sattel müssen, um die Abstände zu korrigieren oder verrutschte Stangen zu richten. Verabreden Sie sich mit Stallkollegen und unterstützen Sie sich gegenseitig. Das macht zudem auch mehr Spaß.

FÜR VERSPIELTE: TANZ AUF DEM PODEST

Die Podestarbeit ist ein Ganzkörper-Workout, da viele Variationen möglich sind. Ob Vorderbeine, alle Beine oder nur die Hinterhand – mal dehnen, mal verkürzen sich Muskelgruppen. Dabei werden Körpergefühl und Balance trainiert. Das ist eine tolle Übung für Reiter-Pferd-Paare, die gerne Freiarbeit machen.

1.
Rebecca hat Marvin mit den Vorderbeinen auf das Podest dirigiert. In dieser Position werden die Bauchmuskeln und die großen Beckenbeuger gedehnt. Außerdem stärkt Podestarbeit das Selbstbewusstsein. Die meisten Pferde lieben es, wenn sie den Überblick haben.

2.
Marvin steht mit allen vier Beinen auf dem Podest. Hierfür braucht er ausreichend Grundspannung. Die Bauchmuskeln verkürzen sich, der Rücken wölbt sich leicht auf.

3.
Nur die Hinterbeine sind noch auf dem Podest, Marvin muss sich strecken. Das Becken beugt sich und die Vorhand übernimmt Gewicht. Den Hals dehnt Marvin schön nach unten.

SCHWUNGVOLL

Marvin drückt sich kräftig ab. Das macht einen knackigen Po und trainiert die Hinterhandmuskulatur.

Springgymnastik für einen knackigen Po

Ein runder, knackiger Po steht jedem Pferd ausgesprochen gut! Da in der Hinterhand der „Motor" des Pferdes sitzt, brauchen wir ein gutes Training für diese Muskeln. Wir möchten erreichen, dass das Pferd mehr Gewicht mit der Hinterhand aufnimmt und so langfristig die Vorhand entlastet. Es soll Schubkraft und Tragkraft entwickeln.

Freispringen aktiviert die Hinterhand und lockert den Rücken. Die Dornfortsätze fächern sich über dem Sprung regelrecht auf, der Rücken wird gedehnt. Einen ähnlichen guten Effekt erzielen Sie nur mit Galopparbeit am Hang (Seite 45). Auch dort stärken Sie die Hinterhandmuskulatur Ihres Pferdes, weil es weit untertreten und sich kraftvoll wieder abdrücken muss.
Besitzt ein Pferd eine gute Bascule, nimmt es den Kopf über dem Sprung automatisch ins vorwärts-abwärts und öffnet den Rücken. Der Widerrist ist jetzt der höchste Punkt. In dieser Position ist das Pferd in der Lage, seine Vorderbeine optimal anzuwinkeln.

MIT FREUDE – ODER NICHT

Am Springen hat ein Pferd entweder Spaß oder eben nicht. Sie werden schnell merken, ob Ihr Pferd regelrecht zum Sprung zieht und Ehrgeiz entwickelt, oder ob Sie Angst haben müssen, dass es sich die Beine bricht.
Zwingen Sie kein Pferd zum Springen! Sicherheit geht immer vor. Außerdem ist Springen (auch Freispringen) nichts für Pferde mit Erkrankungen an den Vorderbeinen, wie Hufrollenentzündung oder Arthrose. Die Erschütterung bei der Landung würde zu verstärkten Schmerzen führen. Bevor Ihr Pferd kleine und große Sprünge wagt, wärmen Sie es gründlich auf, um Verletzungen vorzubeugen.

Manche Pferde haben Spaß am Springen, andere nicht. Respektieren Sie es, Sie haben auch Ihre Lieblingssportart!

Da die Abstände beim Cavaletti-Training ebenso wie beim Freispringen individuell für das Pferd passen müssen, rate ich davon ab, mehrere unterschiedliche Pferde durch die gleiche Stangengasse zu treiben. Die entstehende Hektik ruiniert den Trainingseffekt, da das Pferd sich verspannt und der Rücken nicht locker ist. Sinnvoller sind einzelne Sprünge, die spielerisch (z. B. an einer langen Seite) mit eingebaut werden. So kann Ihr Pferd lernen, die Abstände besser zu taxieren und selbstständig abzuspringen. Legen Sie mehr Wert auf die korrekte Ausführung als auf die Höhe der Sprünge. Es ist besser, mit kleinen Schritten das Ziel zu erreichen, als sich bei einem großen Sprung die Beine zu brechen. Spaß und Eifer sollten immer an erster Stelle stehen und garantieren den Trainingserfolg.

GANZKÖRPERTRAINING: DER SPANISCHE GRUSS

Mit dem Spanischen Gruß können Sie äußerst effektiv die Schulterpartie Ihres Pferdes mobilisieren. Pferde, die von Natur aus eher vorhandlastig gebaut sind, profitieren von der Übung, da sie den Brustkorb heben müssen und die Vorderbeine strecken. Iberische Rassen haben für den Spanischen Gruß besonders viel Talent, da sie mit ihrem hohen Halsansatz mehr Platz für die Vorhandaktion haben.

1.

Geben Sie ein Stimmkommando und touchieren Sie mit der Gerte die Vorderseite des Röhrbeins.

2.

Üben Sie links und rechts, damit beide Schultern gleichmäßig trainiert werden.

3.

Arbeiten Sie mit Halfter oder Kappzaum und motivieren Sie Ihr Pferd über positive Verstärkung. Mit etwas Übung wird es verstehen, was Sie von ihm möchten. Achten Sie darauf, nicht versehentlich von einem Bein getroffen zu werden. Überlegen Sie, ob dies eine gute Lektion für Ihr Pferd ist oder ob es ohnehin bereits zum Imponiergehabe neigt. Dann rate ich eher ab.

KONDITION UND KRAFT

Training am Hang ist effektiv. Achten Sie auf die Atmung Ihres Pferdes. Es soll sich anstrengen, aber nicht überfordert werden.

Bergtraining

Für die Bauchmuskulatur ist ein fleißiger Galopp mit oder ohne Reiter eine tolle Übung. Wer sein Pferd auf dem Platz sicher unter Kontrolle hat, wechselt ins Gelände und baut leichte Hügel in das Training ein.

Das Training bergauf und bergab stärkt nicht nur die Bauchmuskeln, sondern auch Koordination und Trittsicherheit. Suchen Sie sich aber nicht gleich den Mount Everest aus, sondern beginnen Sie mit geringen Steigungen. Vor dem Bergtraining steht ein gründliches Aufwärmen auf einem ebenen Platz oder einer Wiese an.

AN DER HAND

Für Pferde, die noch nicht gut ausbalanciert sind, empfehle ich immer, neue Übungen zunächst an der Hand zu festigen. So kann sich das Pferd erst einmal auf sich selber konzentrieren und muss nicht noch die Last des Reiters tragen.

Da das Galoppieren am Berg koordinativ sehr anspruchsvoll ist, sollte der Galopp auf ebener Fläche schon gut klappen.

Schauen Sie sich das Gelände, in dem Sie arbeiten möchten, erst gemeinsam im Schritt an. So sind Sie sicher vor unliebsamen Überraschungen wie Hasenlöchern oder anderen Stolperfallen. Sind die Bodenverhältnisse gut, lassen Sie das Pferd am Berg auf einem großen Zirkel antraben und dann in den Galopp wechseln. Nutzen Sie ein langes Seil oder eine Longe. Vergrößern Sie den Durchmesser des Zirkels, indem Sie sich selbst auf einem Kreisbogen bewegen und immer mit dem Pferd mitgehen.

Da Pferde von Natur aus Energiesparer sind, galoppieren sie am Berg meist sowieso lieber, als dass sie traben. So können sie den Schwung nutzen.
Ist Ihr Pferd in einem guten Trainingszustand, steigern Sie die Übung und bauen mehrere Übergänge ein. Gehen Sie zum Beispiel im Schritt bergab, dann im Trab den Hügel hoch, im Schritt noch einmal herunter und anschließend im Galopp wieder hinauf. Der Brustkorb verschiebt sich beim Bergauf leicht nach vorne, der Hals sucht den Weg in die Tiefe: Dieses Phänomen heißt „Neigung zum Berg“ und trainiert völlig andere Muskeln als das Training ohne Steigung. Gerade Pferde, die den Kopf nicht senken, profitieren deswegen vom Klettern.
Die Belastung bergauf ist zwei- bis dreimal höher als in der Ebene.
Da der „Motor“ des Pferdes in der Hinterhand ordentlich schieben muss, macht das Bergtraining einen wohlgeformten Po.

TIPP

Reiten Sie immer auf geradem Weg den Berg hinunter. Reiten Sie schräg zum Hang, dann ist das eine zu hohe Belastung für die unteren Beingelenke und es kann schnell zu einer Zerrung kommen.

Das Training am Berg stärkt nicht nur die Muskulatur von Bauch und Hinterhand, sondern sorgt auch für eine gute Kondition.

1

2

1. Gehen Sie im Galopp in den leichten Sitz, um den Pferderücken zu entlasten.

2. Bergab braucht das Pferd viel positive Grundspannung, um der Hangabtriebskraft entgegenzuwirken.

UNTER DEM REITER

Klappt das Training am Berg, können wir es jetzt auch unter dem Reiter in das Programm aufnehmen. Beginnen Sie im Schritt und entlasten Sie den Pferderücken, wenn Sie bergauf reiten, indem Sie in den leichten Sitz gehen. Jetzt muss die Hinterhand ordentlich arbeiten. Halten Sie eine leichte Verbindung am Zügel.
Bergab erleichtern Sie die Übung, indem Sie gerade sitzen und die Zügel lang genug lassen, damit das Pferd seinen Hals zum Ausbalancieren nutzen kann. Reiten Sie hier Schritt. Ist der Abstieg sehr steil, kann es sein, dass Ihr Pferd anfängt zu „trippeln". Auch das ist eine Art Versammlung und positive Anspannung.

Intervalltraining

Ist Ihr Pferd gut trainiert, können Sie auch bergauf galoppieren und anschließend im Schritt wieder bergab reiten. Insgesamt werden Sie merken, dass die Grundkondition Ihres Vierbeiners sich enorm verbessert. Außerdem macht das abwechslungsreiche Training viel Spaß. Steigern Sie das Programm langsam. Beginnen Sie mit fünf Runden am Berg auf jeder Hand und erhöhen Sie die Anforderung von Mal zu Mal jeweils um ein bis zwei Runden.
Da dieses „Klettern" körperlich sehr anstrengend ist, sollte ein Bergtraining pro Woche ausreichen. Für den folgenden Tag steht lockeres Joggen an der Longe oder ein Spaziergang an.

GESUND ABNEHMEN

Auch unsere Vierbeiner bleiben nicht von diesem Problem verschont: Übergewicht. Damit Ihr Pferd gesund abnimmt, ist es vor allem wichtig, die Bewegung zu steigern und sämtliche Leckerlis wegzulassen. Da der Pferdemagen rund um die Uhr Magensäure produziert, sollten Fresspausen von gutem Raufutter aber nie länger als vier Stunden andauern.

1.
Ein dicker Bauch führt zu einem Senkrücken. Deswegen ist es wichtig, Bauch und Rücken durch gezielte Übungen zu stärken.

2.
Eine schöne Übung für die Bauchmuskulatur ist das Rückwärtsrichten. Gleichzeitig muss die Hinterhand mehr Last aufnehmen.

3.
Bergsteigen ist ein tolles Krafttraining und hilft, Fett zu verbrennen und Muskulatur aufzubauen. Ein Pferd in der Natur läuft etwa 16 Kilometer täglich. Machen Sie also lange Ausflüge und optimieren Sie die Fitness Ihres Vierbeiners. Der sogenannte Body Condition Score (BCS) wird als Richtwert für den Gewichtszustand genutzt. Der BCS geht von 1 (ausgehungert) bis 9 (extrem fett). Optimal ist ein Wert von 5 bis 6. Zusätzlich zum Reiten können Sie mit Boden- und Longenarbeit Kalorien verbrennen.

RÜCKENFIT

ANSPANNUNG UND ENTSPANNUNG
Ein Wechsel von Anspannung und Entspannung trainiert die Muskulatur effektiv.

Hat Ihr Pferd „Rücken“?

Der Pferderücken ist nicht dafür gemacht, uns Reiter zu tragen. Umso mehr haben wir die Pflicht, ihn mit äußerster Sorgfalt gesund zu erhalten. Wie Sie Rückenmuskulatur aufbauen, zeige ich Ihnen im Kapitel „Rückenfit“. Obendrein gibt es noch praktische Tipps für eine kräftige Oberlinie.

Wenn Sie den Rücken Ihres Pferdes abtasten oder putzen, sollte eigentlich keine Reaktion erfolgen. Ich sehe aber häufig, wie Pferde beim Putzen ausweichen, beißen oder treten.
Leider werden sie meist gemaßregelt. Aber Sie sollten dieses Verhalten Ihres Pferdes ernst nehmen. Es kann nicht sagen, dass ihm etwas weh tut, also muss es uns dies zeigen. Zunächst wird es ausweichen. Bleibt dieses Zeichen unbeachtet, droht es und im schlimmsten Fall beißt es sogar. Bitte hören Sie auf diese Hilferufe und gehen Sie der Ursache nach. Ihr Pferd hat Rückenschmerzen!
Auch wenn Ihr Pferd dieses Verhalten „schon immer“ zeigt, heißt das nicht, dass es schmerzfrei ist. Als Pferdebesitzer, aber auch als Reitbeteiligung oder Reitschüler sind Sie das Sprachrohr des Pferdes und dafür verantwortlich, dass es keine Rückenschmerzen hat oder bekommt.

RÜCKENPROBLEME ERKENNEN

Ein sicheres Indiz für Rückenprobleme sind Kuhlen hinter den Schulterblättern oder am Ende der Sattellage und Erhebungen hinter der Sattellage. Gut entwickelte Muskulatur sollte gleichmäßig sein.
Achten Sie beim Abtasten auf Verhärtungen (besonders in der Tiefe) und Wärme. Gibt es Stellen bei deren Berührung das Pferd vibriert oder ärgerlich wird? Das ist ein sicheres Zeichen für Verspannungen.

TIPP

Eine Unterlage, die die Lage des Sattels korrigiert, sollte immer nur eine Übergangslösung sein. Ziel ist es, dass der Sattel korrekt passt.

ÜBELTÄTER SATTEL

Der größte Feind des Rückens ist ein unpassender Sattel. Kein Mensch würde auf die Idee kommen, einem kleinen Kind Schuhe in der falschen Größe anzuziehen, weil das Kind ja schließlich noch wächst und es sich nicht lohnt, zu investieren. Ich erlebe es aber in meinem Praxisalltag, dass junge Pferde mit unpassendem Sattel antrainiert werden, weil man erst für das ausgewachsene Pferd ein gut sitzendes Modell suchen und entsprechend bezahlen möchte. Die auf diese Weise entstehenden Schäden regenerieren sich häufig nie wieder. Besonders die Rückenfaszie und der Trapezmuskel werden in Mitleidenschaft gezogen, die Muskulatur wird nicht aufgebaut, sondern geschädigt.

Zum Reiten ohne Sattel in allen Gangarten gehört viel Vertrauen und ein bisschen Mut.

Ohne Sattel können Sie Ihre koordinativen Fähigkeiten, Balance und Rumpfstabilität verbessern.

Nutzen Sie nur passendes Equipment, um dem Pferd nicht den Spaß an der Arbeit zu nehmen und vor allem, um es vor Schmerzen zu bewahren. Jedes Pferd verändert sich im Wachstum, aber auch saisonal und bei verletzungsbedingten Pausen. Es muss daher regelmäßig kontrolliert werden, ob der Sattel passt. Wenn nötig, sollte er vom Fachmann abgeändert werden. Wichtig ist, dass Pferd und Reiter sich wohl damit fühlen.

RÜCKENSCHONEND AUFSTEIGEN

Nutzen Sie zum Aufsteigen immer eine Aufstiegshilfe, um den Rücken Ihres Pferdes zu schonen. Die einseitige Belastung beim Aufsteigen führt sonst zu Verspannung und Blockaden in der vorderen Brustwirbelsäule und der Schulter Ihres Pferdes.

Gibt es etwas Schöneres als eine wohltuende Massage? Mit den Fingern nehmen Sie kleinste Störfelder im Muskel wahr und können diese sanft wegmassieren.

WELLNESS FÜR DEN PFERDERÜCKEN

Genauso wie wir lieben Pferde gefühlvolle Massagen. Hier finden Sie ein paar Tipps und Ratschläge, wie Sie die Rückseite Ihres Lieblings verwöhnen können.

Es gibt einige einfache Handgriffe, die jeder leicht erlernen und selber anwenden kann. Neben einem wohltuenden Effekt für die Muskulatur stärken diese Berührungen die Bindung und Sie lernen den Körper Ihres Pferdes auf eine neue Art kennen.

Nutzen Sie Ihre Finger und erspüren Sie, wo Verspannungen sind. Gibt es Stellen, die sich fester anfühlen oder die wärmer sind? Streichen Sie in Fellrichtung mit der ganzen Hand über den Körper, um den Muskel aufzuwärmen. Lassen Sie sich dabei Zeit und bleiben Sie immer mit beiden Händen am Pferd, um mehr Verbindung zu haben. Atmen Sie selber tief aus und versuchen Sie, sich mit zu entspannen. Ziel ist es immer, die Durchblutung anzuregen und den Muskeltonus zu senken.

RÜCKENTRAINING FÜR DEN REITER

Damit Sie beim Reiten ausreichend Rumpfstabilität haben, müssen Sie auch für Ihren eigenen Rücken sorgen. Setzen Sie sich mehrmals am Tag bewusst gerade hin und nehmen Sie die Schultern nach hinten. Legen Sie die Hände hinter den Rücken und dehnen Sie Ihre Brustmuskulatur, indem Sie noch zusätzlich den Kopf in den Nacken legen. Auch Ausgleichssport wie Schwimmen oder Übungen im Fitnessstudio können Ihnen helfen, einen schwachen Rücken zu stärken.

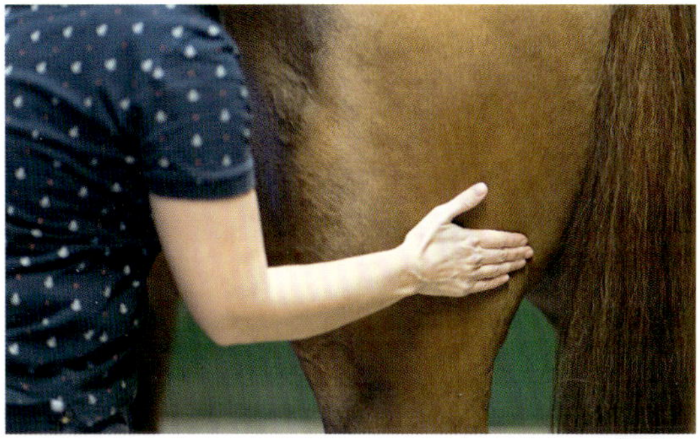

1

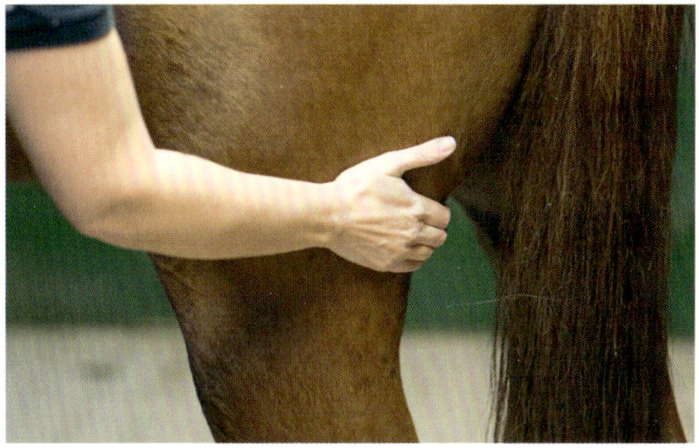

2

3

1. Die hintere Sitzbeinmuskulatur können Sie in Fellrichtung ausstreichen.

2. Schütteln Sie die Muskeln kräftig und streichen Sie mit der Hand nach unten Richtung Achillessehne.

3. Das „Feste", was Sie hier finden, sind die Sitzbeinhöcker. Pferde lieben eine Massage in diesem Bereich.

Massagegriffe

Es gibt viele verschiedene Massagegriffe, je nach Körperregion bietet es sich an, zu kneten, zu schütteln oder kreisförmig zu massieren. Ihr Pferd wird Ihnen genau zeigen, wo es gut tut.
Da jedes Pferd ein Individuum ist, gibt es keine Faustregel, welcher Druck der richtige ist. Achten Sie auf die Reaktionen des Pferdes. Lässt es den Kopf fallen und entspannt sich, machen Sie alles genau richtig. Entzieht es sich, müssen Sie den Druck reduzieren.

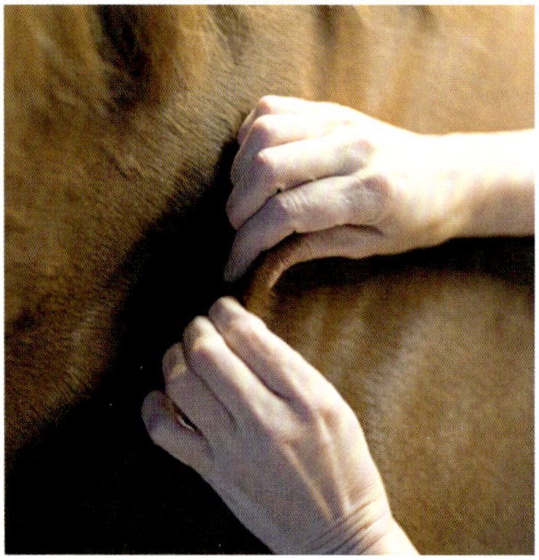

1

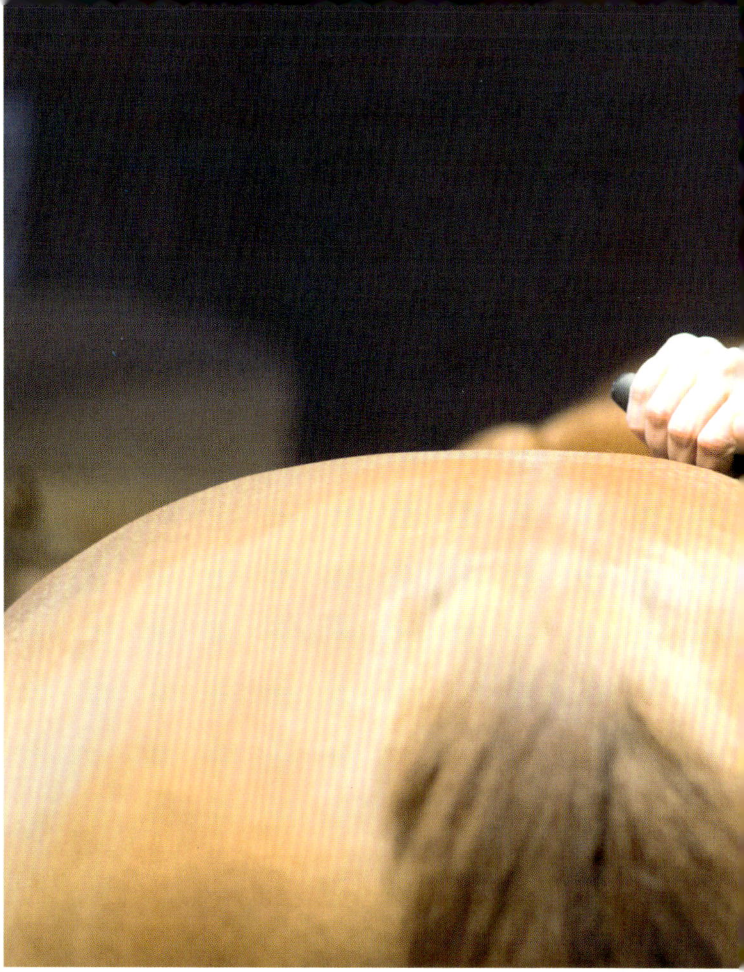

2

1. Faszientechniken sind „gemein“, aber sehr effektiv.

2. Mit einer Faszienrolle kann man besonders gut die großen Muskeln behandeln. Die meisten Pferde fangen an mitzuarbeiten, indem sie sich dagegen drücken.

Wärme tut gut

Wärme sagt man eine schmerzlindernde Wirkung nach. Pferde empfinden ein Wärmekissen als sehr entspannend und angenehm. Der Muskel wird durch die Wärme weicher und der körpereigene Stoffwechsel wird angeregt. Besonders praktisch sind Wärme-Pads, die (im Gegensatz zu Körnerkissen) gut auf dem Rücken liegen bleiben. Mit einem Knick sind sie

startklar, Sie brauchen keine Mikrowelle und keinen Backofen im Stall. Die Wärme wird etwa eine Stunde an den Rücken abgegeben. Wenn Sie die Wirkung optimieren möchten, legen Sie noch eine Decke darüber, damit die wohltuende Wärme nicht verfliegt.
Zuhause kochen Sie das Kissen einfach ein paar Minuten in heißem Wasser, damit es für den nächsten Einsatz wieder bereit ist.

Wärme hat einen sofortigen Effekt auf verspannte Muskeln. Schmerzen werden reduziert.

Reiten für einen gesunden Rücken

Beim Reiten sollte das Pferd nicht an Mobilität verlieren. Wechseln Sie immer Anspannung und Entspannung ab, um Muskulatur wirkungsvoll aufzubauen. Eine verspannte Muskulatur arbeitet nicht physiologisch, das behindert den Muskelaufbau.

DEHNUNGSHALTUNG

Über das Nacken- und Rückenbandsystem, das vom Hinterhauptsbein bis zum Kreuzbein verläuft, hebt die korrekte Dehnung den Pferderücken nach oben. Die Muskelfasern entspannen sich und werden länger, der Muskel wird optimal mit Nährstoffen versorgt.

Die Faustregel sagt, dass das Pferdemaul beim richtigen Vorwärts-Abwärts auf Buggelenkshöhe sein sollte. Jedes Pferd hat aber bedingt durch sein individuelles Exterieur auch eine unterschiedliche, optimale Kopf-Hals-Position. Das eine Pferd darf ruhig sogar ein bisschen tiefer als das Buggelenk kommen, das andere kann sich nur schwer so tief fallen lassen. Wichtig ist aber, dass wir vor lauter „richtiger Haltung“ nicht aus den Augen verlieren, dass der Pferderücken sich aufwölben, die Hinterhand locker nach vorne schwingen und das Pferd losgelassen sein soll.

WIE LANGE VORWÄRTS-ABWÄRTS?

Bei jüngeren Pferden empfiehlt es sich, häufige Pausen beim Reiten in Dehnungshaltung einzubauen, das heißt etwa alle drei bis vier Minuten. Ein gut trainiertes Pferd sollte sich etwa alle acht bis zehn Minuten strecken können.

Vielen Pferden fällt es sehr schwer, sich zu dehnen, deswegen reitet man Korrekturpferde häufig erst einmal über mehrere Wochen wie eine Remonte in die Tiefe, um wieder Losgelassenheit zu erreichen. Erst dann kann mit dem Muskelaufbau begonnen werden.
Verspannte Muskeln entwickeln sich nicht korrekt, weil sie nicht mit Nährstoffen versorgt werden und nicht physiologisch arbeiten können. Auch die Atmung wird durch verspannte Muskulatur und ein blockiertes Zwerchfell gehemmt und arbeitet gegen statt mit der Bewegung. Wer weiß, ob Pferde nicht auch Seitenstechen bekommen können?!

Laut Lehrbuch hat Zwerg seinen Kopf zu tief, aber man erkennt gut, wie locker die Hinterhand vorgreift und wie der Rücken sich aufwölbt.

Ein Galoppsprung entspricht einem Atemzug, was die Galopparbeit zu einem guten Konditionstraining macht. Die Bauchmuskeln spannen sich abwechselnd an und ab, das trainiert die wichtigsten Assistenten des Rückens.

OHNE BAUCH KEIN RÜCKEN

Für eine lockere Oberlinie bietet sich ein frischer Galopp an, denn dieser trainiert gleichzeitig die Bauchmuskeln. Galopppieren Sie abwechselnd im leichten Sitz und im Dressursitz. Das macht es auch für den Pferderücken bzw. die Muskulatur abwechslungsreicher. Nichts ist schlimmer für Muskeln als einseitige Belastung. Kompression, also Druck auf Gelenke oder Muskulatur, ist immer schädlich. Sind Sie im leichten Sitz, kann sich Ihr Pferd viel freier unter Ihnen bewegen. Gleichzeitig trainieren Sie übrigens Ihre eigenen Oberschenkel.

Übungen, bei denen sich die Rückenmuskulatur abwechselnd an- und entspannt, verhelfen zu einem starken Rücken. Reiten Sie verschiedene Bahnfiguren, wie Volten, Zirkel oder Schlangenlinien. So wechseln Sie automatisch zwischen Gerade und Biegung ab und gymnastizieren den ganzen Körper. Die Arbeitsbereitschaft Ihres Pferdes steigt, weil es immer wieder neue Aufgaben bekommt und nicht Runde um Runde im Kreis läuft.

Auch Tempiwechsel innerhalb der Gangart und Übergänge bieten sich an, um den Rücken zu lockern und Muskulatur aufzubauen.

EIN PFERD – DREI ÜBUNGEN

Muskeln brauchen Abwechslung. Für die Bodenarbeit können Sie sich verschiedene Stationen, ähnlich wie beim Zirkeltraining für Menschen, aufbauen. So trainieren Sie unterschiedliche Muskelgruppen in einer Trainingseinheit. Machen Sie auch die Übungen, die Ihrem Vierbeiner nicht so liegen, gewissenhaft auf beiden Händen.

1.

Smarty geht Slalom und mobilisiert durch die ständigen Richtungswechsel seinen Rücken. Beide Körperseiten müssen sich abwechselnd verkürzen und dehnen.

2.

Freispringen ist eine tolle Übung – besonders für Reiter, die selber nicht springen wollen ... Hetzen Sie Ihr Pferd nicht durch Stangengassen, sondern bauen Sie im Zirkeltraining immer mal wieder einen Sprung ein.

3.

Die Übung „Zirkel verkleinern und vergrößern" trainiert die Rückenfaszie. Natürlich braucht man dafür keinen Fächer, aber zur Orientierung hilft es, das Pferd mal innen, mal außen durch das Hindernis zu schicken. Sie können es einfach mit Stangen legen.

Ein echter Schelm

Iris & Zwerg

Zwerg kam dreijährig und noch völlig roh zu mir. Die Züchterin übergab ihn mir mit den Worten: „Der ist ein echter Schelm.“
Nach den ersten Tagen wussten wir auch, was sie damit gemeint hatte. Zwerg erschrak vor vielen Dingen, vor Hunden oder klappernden Türen. Er konnte sich aber auch wie ein kleiner Panzer benehmen und sein „Ding“ einfach durchziehen. Er lernte rasch, bekam aber schnell Langeweile und entwickelte dann neue, eigene Ideen.

Vertrauen

Nach vielen vorbereitenden Übungen kam der Moment des Anreitens. Das ging leider völlig schief, denn Zwirbel, unser Hund, schummelte sich in die Reithalle und lief freudig auf uns zu. Zwerg erschrak, bockte, ich stürzte und zog mir einen Rippenbruch zu. Nun begannen wir ganz von vorne, mit Bodenarbeit, um unserem Pferd Vertrauen zu geben und ihm die Angst vor vielen Dingen zu nehmen. Und wir waren wirklich kreativ: Im Baumarkt fanden wir so wichtige Utensilien wie raschelnde Planen, bunte Eimer, Regenschirme, kleine und große Bälle und auch ein Kinderspielfahrzeug …

Konsequenz und Übung

Mit viel Konsequenz (und noch mehr Möhren) machten wir langsame Fortschritte. Wir steigerten die Übungen und schließlich konnten wir Bälle über Zwerg werfen, ihn über die Raschelplane führen oder einen Sack voll Dosen auf den Rücken legen. Er blieb entspannt bei uns! Auch mit Zwirbel wurde geübt. Sie musste neben Zwerg Stöckchen fangen, an der Bande hochspringen und laut bellen – bis auch das Zwerg nichts mehr ausmachte. Schließlich stieg ich wieder in den Sattel. Und es gelang, das gewonnene Vertrauen auf das Reiten zu übertragen. Fremde Situationen stellten uns immer wieder vor Herausforderungen, aber wir bewältigten das gemeinsam. Obwohl ich großen Respekt vor Zwergs Reaktionen hatte, wagte ich mich mit ihm und einem erfahrenen, älteren Pferd schließlich ins Gelände.

Immer voran

Ich habe den Glauben an dieses Pferd nie verloren. Wir erweiterten unseren Bewegungshorizont stetig, mit Cavaletti-Arbeit, Reiten ohne Sattel, Doppellonge und was immer uns einfiel. Neue Dinge sind immer noch aufregend, doch mit der Zeit werden sie immer selbstverständlicher. Auch die ersten Turnierstarts gelangen mit der vielfältigen Vorbereitung gut.
Heute ist Zwerg zu einem selbstbewussten Sportpferd herangereift, das durch sein vielfältiges Programm Spaß an der Arbeit hat und bis Klasse S siegreich ist. Übrigens immer noch ohne Eisen und mit viel Weidegang.

Katrins Tipp

Zwerg ist sehr clever. Es ist wichtig, ihn abwechslungsreich und täglich zu trainieren. Sonst sucht er sich selbst eine Beschäftigung – und das ist meistens keine, über die wir uns freuen.

Zwergs Motto

Steter Tropfen höhlt den Stein.

uvex

ZUMBA

ERFOLGREICHES FITNESSKONZEPT
Seitengänge und Übergänge machen das Becken beweglich und mobilisieren den Pferderücken.

Mehr Mobilität durch Übergänge

In diesem Kapitel beschäftigen wir uns mit Seitengängen, Übergängen und Tempiwechseln. Das sind wundervolle Übungen, um die Hinterhand zu aktivieren und die Beweglichkeit des Beckens zu fördern. Also: Sind Sie bereit für Zumba?

Viele Reiter drehen Runde für Runde in einer Gangart und vergessen, wie nützlich Übergänge sind. Egal, ob an der Hand oder unter dem Sattel: Das Pferd muss sein Becken abkippen und nimmt Last mit der Hinterhand auf.

EFFEKTIVE ABWECHSLUNG

Da ein Pferd anatomisch bedingt eher vorhandlastig ist, können Übergänge ein gutes Mittel sein, die Schulter zu lockern und den Brustkorb zu heben. In den einzelnen Gangarten werden verschiedene Muskeln angesprochen. Wechseln Sie die Gangart, werden die Muskeln nicht einseitig belastet, sie ermüden langsamer. Außerdem ist das Training für Sie und Ihr Pferd abwechslungsreicher.

ZUMBA

IST BESONDERS GUT …

– für Pferde, die mehr Last mit der Hinterhand aufnehmen sollen;

EIGNET SICH NICHT…

– für Pferde, die noch unausbalanciert sind.

Fleißer Trab am hingegeben Zügel kann immer wieder zwischendurch eingebaut werden, damit die Muskeln sich erholen.

WIE VIELE GÄNGE HAT IHR PFERD?

Man differenziert halbe, einfache und schwere Übergänge.
Halbe Übergänge sind Tempounterschiede in der jeweiligen Gangart. Bereits das erweitert den Rahmen des Pferdes oder verkürzt ihn, je nachdem, wie herum man den Übergang reitet.
Halbe Übergänge erhöhen auch die Konzentration. Wie schnell kann Ihr Pferd taktklaren Schritt gehen, ohne in den Trab zu wechseln? Probieren Sie es aus. Lassen Sie den Zügel lang (ohne Anlehnung) und geben Sie dadurch die Möglichkeit, dass sich das Pferd streckt und raumgreifende Bewegungen macht.
Bei einfachen Übergängen wechseln Sie von einer Gangart in die nächsthöhere oder -niedrigere Gangart, zum Beispiel von Schritt zu Trab oder von Trab zu Galopp. Diese Übergänge lösen das Pferd. Im Moment des Übergangs tritt die Hinterhand weiter unter und nimmt mehr Gewicht auf. Dadurch wird das Pferd leichter in der Vorhand. Beim Übergang in eine höhere Gangart geben Sie die Hand vor, als ob Sie die Handbremse Ihres Autos zum Anfahren lösen. Beim Durchparieren in eine

TIPP

Übergänge werden nicht mit der Hand geritten! Konzentrieren Sie sich darauf, welche Gangart Sie als nächstes reiten möchten, statt darauf, welche Sie gerade beenden. So gelingen die Übergänge weicher.

niedrigere Gangart versuchen Sie dem Pferd Stabilität über den Sitz und Ihre Knie zu geben, damit es nicht auseinanderfällt. Geben Sie eine halbe Parade und ziehen Sie den Bauchnabel ein wenig nach innen.
Schwere Übergänge heißen nicht umsonst schwer, denn das sind sie auch. Von Schritt zu Galopp oder aus dem Trab anhalten sind Übungen für Fortgeschrittene.
Variieren Sie Tempo und Gangart immer wieder, um das Pferd zu lösen und es auf beiden Händen geschmeidiger zu machen.

Machen Sie den Selbsttest und gehen Sie mal langsam und mal schnell. Bei geringem Tempo brauchen Sie mehr Grundspannung.

Seitengänge

Um die Beweglichkeit des Beckens und der Lendenwirbelsäule zu fördern, bieten sich Seitengänge an der Hand und unter dem Reiter an. Wie im Zumba-Kurs dürfen Sie dabei nie den Takt verlieren.

Seitengänge sind vorwärts-seitwärts-Bewegungen, die das Pferd von Natur aus eher nicht zeigt. Sie können an der Hand oder unter dem Reiter erarbeitet werden, mobilisieren das Pferd und machen es flexibler. Die Lastaufnahme der Hinterhand wird verbessert, Balance und Durchlässigkeit werden gefördert. Durch die Biegung wird die äußere Seite des Körpers gedehnt, die innere verkürzt. Wechselt man zwischen den einzelnen Übungen und frischem Vorwärts ab, hat man ein ideales Training, um Muskulatur aufzubauen. Reiten Sie Volten und Schlangenlinien, ehe Sie in den Seitengängen arbeiten. Das lockert Ihr Pferd.

SCHULTERHEREIN

Beginnen Sie das Schulterherein aus dem Gedanken heraus, zuerst eine Volte und dann geradeaus zu reiten. Das Pferd ist nach innen gestellt, die Schulter vom Hufschlag weg zur Bahnmitte gewendet. Das Pferd bewegt sich auf drei Hufschlägen. Durch das Absenken der inneren Hüfte nimmt das Pferd mit dem inneren Hinterbein mehr Last auf. Das wiederum macht die äußere Schulter beweglicher. Der Schultergürtel wird gelockert und das aktive Hinterbein hebt über einen Zug auf die Rückenfaszie den Rücken an. Schulterherein ist also eine Lektion, von der der ganze Körper profitiert.

1

2

1. In den Seitengängen werden die Lendenwirbelsäule und das Becken mobilisiert.

2. Üben Sie, Ihr Pferd rückwärts laufend zu führen. Aus dieser Position können Sie das gesamte Pferd im Auge behalten.

KONTERSCHULTERHEREIN

Hier ist das Pferd nicht in, sondern entgegen der Bewegungsrichtung gestellt und gebogen. Reiten Sie auf dem zweiten oder dritten Hufschlag, damit die Vorhand zur Bande gerichtet werden kann. Versuchen Sie am besten, die Übung aus einer Kehrtvolte zu erarbeiten. Das Konterschulterherein fördert die Tragkraft der Hinterhand. Hüft- und Kniegelenk werden verstärkt gebeugt,

TRAVERS, RENVERS, TRAVERSALE

Von der Bewegung her sind Travers, Renvers und Traversale als eine Lektion anzusehen, Stellung und Biegung sind identisch. Die Seitengänge gymnastizieren besonders effektiv die Lendenwirbelsäule. Beim Travers bewegt sich das Pferd auf vier Hufschlägen. Die Vorhand ist auf dem ersten Hufschlag, die Hinterbeine sind zur Bahnmitte gerichtet. Beim Renvers bleibt die Hinterhand auf dem Hufschlag und die Vorhand kommt in die Bahn. In beiden Lektionen ist das Pferd in Bewegungsrichtung gestellt und gebogen. Der Wechsel zwischen Renvers und Travers dehnt die äußere Seite besonders gut.

Auch in der Traversale ist das Pferd in Bewegungsrichtung gestellt und gebogen. Es geht vorwärts-seitwärts und überkreuzt dabei jeweils das innere Vorder- und Hinterbein.

Die ersten Traversalen sollten flach und mit wenig Biegung geritten werden. Durch das Kreuzen der Beine wird die Schultergliedmaße optimal gymnastiziert. Je steiler die Traversalen geritten werden, desto anspruchsvoller ist die Übung.

Gerade bei jungen Pferden ist es wichtig, beim Erarbeiten der Lektionen nur wenige Tritte zu fordern. Die Übungen sind anstrengend! Denken Sie daran, auf beiden Händen zu trainieren. Takt und Losgelassenheit müssen erhalten bleiben.

Training verbindet

Marius & Titzian

Für Katrins Buch habe ich verschiedene Pferde ausgesucht. Während der 5jährige Hengst Titzian aus der schützenden Hand (Brauner) noch in der Grundausbildung ist, sind der 14jährige Wallach Aramis (Schecke) und Olymp aus der schützenden Hand (14jähriger Knabstrupper-Hengst) schon routinierte Lehrpferde. Der 12jährige Lusitano-Wallach Xeique hat bei dem Shooting für die Balance Boards Modell gestanden.

Ausbildung für Pferd und Reiter

Besonderes Augenmerk lege ich neben dem praktischen Reiten auch auf die Ausbildung am Boden. Als klassisch ausgebildeter Berufsreiter mit diversen Zusatzqualifikationen und einem Meistertitel in der Akademischen Reitkunst liegt mein Schwerpunkt auf der Gymnastizierung unter physiotherapeutischen Aspekten und nach aktuellen pferdewissenschaftlichen Erkenntnissen. Auf unserer historischen Reitanlage im Münsterland haben wir optimale Bedingungen für ein facettenreiches Ausbildungsprogramm für Pferd und Reiter geschaffen.

Katrins Tipp

Marius Schneider ist der einzige Berufsreiter in diesem Buch, und ich freue mich sehr, dass ich ihn für dieses Projekt gewinnen konnte. Seine Arbeit ist unwahrscheinlich vielfältig, es gibt kaum etwas, was Marius mit seinen Pferden nicht trainiert. Neben der klassischen Arbeit machen er und seine Lebenspartnerin Carina Dörfler mit den Pferden Zirzensik und Freiarbeit, haben einen eigenen Trail auf Burg Kakesbeck angelegt und reiten viel im Gelände, um Trittsicherheit und Koordination zu fördern. Ihre Pferde haben dadurch ein Rundum-Paket in der Ausbildung und Arbeit, wie ich es sonst nicht kenne.

Marius Motto

Individuell und abwechslungsreich zum Ziel!

KOORDINATION, BALANCE

UND TRITT-SICHERHEIT

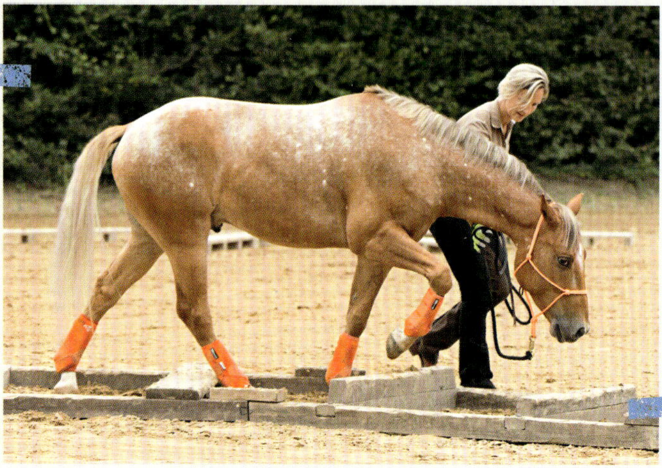

SCHAU, WO DU HINLÄUFST

Geschicklichkeitsübungen im Parcours trainieren das Körpergefühl und machen das Pferd aufmerksam.

Das Körpergefühl stärken

Haben Sie sich schon einmal gefragt, warum Haflinger in den Alpen oder Isländer auf Vulkangestein so trittsicher gehen können? Das Zauberwort heißt Propriorezeptoren. Was es damit auf sich hat und wie wir sie trainieren können, erkläre ich in diesem Kapitel.

Nicht nur Pferde, sondern auch Menschen besitzen von Geburt an Propriorezeptoren. Sie befinden sich in Gelenken und Muskeln und messen, wo wir uns im Raum befinden und wie wir uns bewegen. Über schnell leitende Nervenfasern veranlassen sie, dass Muskeln sich kontrahieren, zum Beispiel um eine Bodenunebenheit auszugleichen.

PROPRIOREZEPTOREN IM DORNRÖSCHENSCHLAF

Jeder kennt die Situation: Wir stolpern und machen unwillkürlich einen Ausgleichsschritt, ohne nachzudenken. Dafür zuständig sind die Propriorezeptoren. Sie verkümmern, wenn man sie in Watte packt – aber das Grandiose ist, dass wir sie fordern, fördern und trainieren können. Natürlich kann man davon ausgehen, dass ein Isländer genetisch gesehen im Vorteil ist. Aber jedes Pferd kann seine Bewegungsabläufe schulen und wird so besser. Das gilt auch für den Menschen. Denken Sie nur an ein Kind, das zu Laufen beginnt: Es muss den aufrechten Gang erst lernen und entsprechend üben. Im Sportunterricht oder beim Training im Verein werden Fähigkeiten gefördert, trainiert und immer weiter verbessert. Also: Raffen Sie sich auf für einen Spaziergang in der Natur. Nehmen Sie die Familie mit. Natürlich auch das Pferd – und den Hund …

Balance kann trainiert werden – beim Mensch und beim Pferd.

Gesundheitsarbeit

Auch die Humanmedizin nutzt Therapiekreisel und Rüttelplatte, um die Rezeptoren nach verletzungsbedingten Pausen aus dem Dornröschenschlaf zu erwecken. Beim Pferd rückt diese Gesundheitsarbeit in jüngster Zeit zunehmend in den Fokus. Auch, weil trotz scheinbar moderner Haltungs- und Trainingsbedingungen die Zahl der Verletzungen eher zu- als abzunehmen scheint. Pferde sind Lauftiere und müssen sich bewegen, um gesund zu bleiben.

Haltungsbedingungen

Was genau unterscheidet nun den robusten Isländer vom Warmblüter? Im Wesentlichen nur die Haltung. In vielen Fällen steht das Warmblut in einer akkurat gepflasterten Box, wird über gut befestigte Wege zur frisch abgezogenen Halle gebracht und verlässt im Winter vielleicht das Gebäude gar nicht. Beim Boxenpferd schlafen die Propriorezeptoren regelrecht ein. So kommt es häufig bei der ersten Unebenheit zur Verletzung, das Pferd „vertritt“ sich.

Leben Pferde dagegen im Offenstall, trainieren sie die Propriorezeptoren quasi von selbst.
Jedes Pferd sollte möglichst viel in Bewegung sein, und zwar auf unterschiedlichen Bodenverhältnissen, ansonsten leiden Geschick, Geschmeidigkeit und Koordination. Sportlichkeit und Bewegungsstärke nehmen ab und die Verletzungsgefahr erhöht sich.

Vorsichtig antrainieren

Da es zu gefährlich wäre, das Pferd einfach abrupt umzustellen, sollte man die Propriorezeptoren langsam wieder zum Leben erwecken. Integrieren Sie Übungen in Ihren Stallalltag, die Balance, Trittsicherheit und Koordination stärken.
In Zukunft ist es Ihre Aufgabe, jede Gelegenheit zu nutzen, um die Rezeptoren Ihres Pferdes auszubilden. Ideal ist zum Beispiel ein Ausritt nach dem Training in der Halle, da Muskeln, Bänder und Sehnen dann schon aufgewärmt sind. Waldböden, Wiese, Straßenbelag und Wassertreten in Bach oder Teich schaffen einen Parcours, der die Trittsicherheit des Pferdes stetig verbessert und die Gelenke stabilisiert. Gepflasterte Wege sollten genutzt werden, Wiesen- und Sandwege ebenso wie unebene Waldböden. Ob Ihr Pferd Gamaschen als Schutz braucht, müssen Sie selbst entscheiden. Sicherheit geht natürlich vor, Stabilität verleihen die Gamaschen dem Bein nicht.

Kommen Sie vom richtigen Weg ab! Nur unterschiedliche Böden trainieren die Trittsicherheit Ihres Pferdes.

Im Spätsommer bietet sich das Stoppelfeld für propriorezeptives Training an. Passen Sie aber auf Löcher auf.

Geeignete Wiesen findet man fast überall. Übrigens braucht ein Pferd etwa sieben Meter, um sich an den Untergrund zu gewöhnen.

Balance Boards

Balance Boards sind eine gute Möglichkeit für das Training der Tiefenmuskulatur. In der Humanphysiotherapie sind sie seit Jahren im Einsatz – jetzt auch immer öfter bei uns im Reitstall.

1. Heben Sie ein Bein hoch und legen Sie das Balance Board dahin, wo der Huf vorher stand. Begleiten Sie das Bein auf das Board, bis der Huf wieder abgestellt wird.
2. Wechseln Sie die Seite und stellen Sie nun das zweite Bein auf das andere Balance Board.

1

2

Der Einsatz von Balance Boards ist besonders in der Rekonvaleszenz nach Verletzungen oder einer Operation eine Bereicherung, da nach der damit verbundenen Boxenruhe häufig die Wahrnehmung des eigenen Körpers gestört ist. Viele Besitzer berichten, dass ihr Pferd nach einer solchen erzwungenen Pause beim Hufe geben, Hänger fahren oder beim Überwinden von Hindernissen Probleme zeigt oder stolpert.

Durch Schonhaltungen entstehen Kompensationen. Ein einfaches Beispiel erklärt den Zusammenhang: Eigentlich tut Ihr Knie weh. Deswegen laufen Sie nicht mehr physiologisch, sondern nehmen ein Bewegungsmuster an, welches das Knie entlastet, aber zu Verspannungen im Rücken führt. Diese wiederum führen zu Bewegungseinschränkungen. Oft kommt es zu Fehlbelastungen und zu erneuten Schmerzen.

Werden die Boards im Bereich der Hinterhand verwendet, sprechen wir davon, dass ein Schwingen von Hinterhuf zu Hinterhuf stattfindet. Bei der Verwendung von vier Boards gleichzeitig (hoher Schwierigkeitsgrad) zeigt sich oft eine tendenzielle Bereitschaft des Pferdes, den Körperschwerpunkt in Richtung Hinterhand zu verschieben.

AKTIVES GLEICHGEWICHT

Damit das Pferd zu seiner alten Form zurückfindet, sollte also so früh wie möglich mit dem Training der Propriorezeptoren begonnen werden. Da nach krankheitsbedingten Ruhephasen Reiten im Gelände auf unterschiedlichen Böden zunächst noch nicht sinnvoll ist, bieten die Balance Boards eine gute Alternative.
Bereits im Stand können die Rezeptoren durch das Training auf den Balance Boards „wachgehalten“ werden und man beugt aktiv einem Muskelabbau vor.
Die Kissen sind groß genug, um das Pferd jeweils mit einem Huf daraufzustellen. Starten Sie zunächst damit, beide Vorderbeine oder beide Hinterbeine auf die Balance Boards zu stellen. Ihr Pferd darf nun entscheiden, wie lange es sich darauf wohlfühlt und bestimmt dadurch selbst die Dauer der Anwendung. Sie werden merken, dass sich die Verweildauer täglich automatisch steigert, da die meisten Pferde die Boards als sehr angenehm empfinden und schnell beginnen, sich selbstständig zu mobilisieren, indem sie das Gewicht von einem Bein aufs andere verlagern.
Beim Training auf wackeligem Untergrund muss der Körper mehr Muskelfasern aktivieren, um das Gleichgewicht zu halten. Da hier nicht nur die Koordinationsfähigkeit beansprucht wird, sondern auch tiefe Muskelgruppen angesprochen werden, werden die Balance Boards bei Menschen auch häufig im Krafttraining eingesetzt. Die Tiefenmuskulatur sorgt für eine bessere Stabilität des Körpers. Wissenschaftliche Studien belegen, dass propriorezeptives Training für alle Sportler eine sinnvolle Ergänzung zum eigentlichen Training ist.
Achtung: Beginnen Sie mit wenigen Minuten Training auf den Boards, sonst riskieren Sie starken Muskelkater und Verspannungen.

1

2

1. + 2. Bringen Sie das Pferd dazu, sein Gewicht von einem Bein auf das andere zu verlagern, indem sie seinen Kopf leicht zu sich her drehen und anschließend wieder wegschieben.

Indoor statt Outdoor

Gerade in der kalten Jahreszeit fehlt uns häufig die Abwechslung. Matschige Wege oder vereiste Außenplätze zwingen zum Indoor-Sport, den Sie mithilfe der Boards abwechslungsreich gestalten können.
Nachdem Sie Ihr Pferd zunächst daran gewöhnt haben, auf den Boards zu stehen, können Sie nun mit einfachen Übungen beginnen, um es zu mobilisieren.
Bei einem gesunden Pferd kann täglich geübt werden. Hierbei sollte eine Dauer von 5 bis 15 Minuten nicht überschritten werden, damit der Muskel-Sehnen-Apparat nicht überfordert wird. Bereits nach ein bis zwei Wochen sieht man erste Erfolge: Das Pferd wird lockerer oder nimmt mehr Last mit der Hinterhand auf, weil die Muskulatur gestärkt wird.
Hat Ihr Pferd gesundheitliche Einschränkungen, fragen Sie bitte Ihren Therapeuten, wie oft Sie trainieren können und welche der Übungen sich genau eignen. Hier kommt es ganz auf den Befund und den Gesundheitszustand Ihres Pferdes an.
Sollte ein Pferd sich tatsächlich einmal vollkommen weigern, auf die Boards zu steigen oder darauf

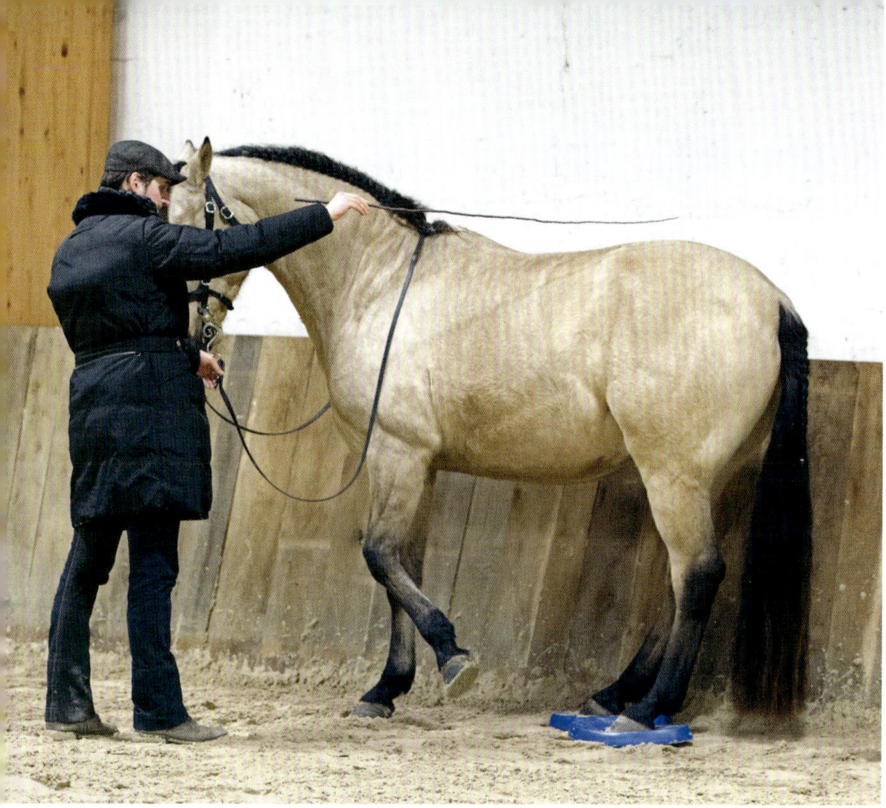

Auch Lektionen wie die Schulparade können auf den Balance Boards trainiert werden. Dies erhöht noch einmal den Schwierigkeitsgrad der Übung.

stehen zu bleiben, zwingen Sie es nicht. Dies würde, wenn auch von scheinbarem Erfolg gekrönt, zu massiven Verspannungen führen und könnte Verletzungen wie zum Beispiel Zerrungen provozieren. Das Training wäre völlig kontraproduktiv. Bleiben Sie ruhig und geduldig, versuchen Sie es immer wieder, vielleicht gelingt es noch. Die meisten Pferde haben jedoch keine Probleme mit den Balance Boards und steigen bereitwillig auf die Kissen. Doch auch hier macht Übung natürlich den Meister – und fördert zugleich das Vertrauen zwischen Zwei- und Vierbeiner.

BALANCE BOARDS …

- gibt es in verschiedenen Farben (Härtegrade), die blauen haben für Pferde den besten Effekt;
- braucht man eines je Huf, mindestens aber zwei;
- sollten auf ebenem Untergrund benutzt werden;
- halten länger, wenn man sie mit Panzer-tape umwickelt;
- können natürlich auch vom Besitzer selber benutzt werden.

FUSSBALL – ODER DOCH EHER HUFBALL?

Spaß und Spannung verspricht das Spiel mit einem großen Gymnastikball. So mancher Vierbeiner entpuppt sich dabei als so talentiert, dass er glatt in der Bundesliga spielen könnte. Ganz nebenbei werden Gelassenheit und Koordination gefördert.

1.

Smarty Schweinsteiger reagiert neugierig auf den großen Ball. Ob Ihr Pferd Talent hat oder nicht, sieht man meistens schon nach wenigen Minuten.

2.

Zack, der erste Schuss. Schnell hat unser junger Stürmer verstanden, dass der Ball sich bewegt, wenn man ihn anstößt.

3.

Toller Nebeneffekt: Bedingt durch Wachstum und Exterieur neigt Smarty dazu, auf der Vorhand zu gehen. Beim Balltraining nutzt er spielerisch die Vorderbeine und hebt so seinen Brustkorb.

EINE GUTE ÜBUNG für alle, die die Schulterpartie des Pferdes mobilisieren möchten. Da der Ball nie das macht, was man erwartet, wird gleichzeitig die Gelassenheit trainiert.

Übungen über Stangen und Hindernisse

Übungen über Stangen und Hindernisse sind unglaublich effektiv und zeigen meist schon nach kurzer Trainingszeit erstaunliche Erfolge. Sie trainieren die Aufmerksamkeit, Trittsicherheit und das Körpergefühl des Pferdes und bringen es in eine gute Haltung.

Naturnahe Trail Parks rücken in den letzten Jahren immer mehr in den Fokus. Neben den mobilen Anbietern gibt es traumhafte Anlagen mit Brücken, Wasserhindernissen und Klettermöglichkeiten. Dazu kommen ganz unterschiedliche Böden – das alles lässt mein Physiotherapeutenherz schneller schlagen. Leider hat man in der freien Natur nur noch selten die Möglichkeit, mit seinem Pferd vom Weg abzukommen. Es gibt viele Verbote und auch Spaziergänger und Mountainbiker fordern immer mehr Raum. Trail Parks haben den Vorteil, dass sie abwechslungsreiches Gelände mit vielen Herausforderungen bieten und meist eine gründliche Einweisung durch einen versierten Trainer erfolgt. Auch dem Training in diesem Parcours sollte ein Warm-up vorausgehen, um Verletzungen vorzubeugen.

Für alle folgenden Übungen ist ein guter Grundgehorsam Voraussetzung. Ihr Pferd sollte sich brav führen lassen und verstanden haben, wann es anhalten und wieder antreten soll.
Sie können die Hindernisse aus Stangen oder Holzplatten legen oder sie mieten, zum Beispiel bei www.naturtrail-to-go.de. Sollten Sie selber Hindernisse bauen, achten Sie auf Sicherheit. Die Fläche muss auch für schwere Pferde stabil genug sein und es dürfen keine Schrauben oder scharfe Kanten vorhanden sein, an denen man sich verletzen kann. Tragen Sie zur Sicherheit festes Schuhwerk und Handschuhe und schützen Sie die Pferdebeine wenn nötig durch Gamaschen. Es bietet sich meiner Meinung nach ein Beinschutz an, der sich nicht mit Wasser vollsaugen kann und Verletzungen verhindert, wenn das Pferd sich stößt oder sich selber tritt.

DAS STANGEN-S

Bei diesem Hindernis ist kein Abstand gleich, denn hier liegt der Fokus im Gegensatz zur Cavaletti-Arbeit nicht darauf, Takt zu entwickeln, sondern auf der Schulung von Wahrnehmung und Koordination.

Durch die unterschiedlichen Höhen und Abstände der Stangen muss das Pferd seine Beine immer wieder neu sortieren und aktiv mitdenken. Das ist eine hervorragende Übung für Pferde mit schlechtem Körpergefühl. Das Hindernis können Sie mit einem ähnlichen Aufbau einfach aus Stangen legen. Gern können Sie

1. + 2. Anja und Momo im Stangen-S – durch die unterschiedlichen Höhen und Abstände muss sich das Pferd extrem konzentrieren und schult seine Wahrnehmung für Distanzen und Hindernisse. Anja lässt Momo alleine arbeiten und beinflusst seine Kopf-Hals-Haltung nicht.

1

2

Ein Hindernis, das Geschicklichkeit und konzentrische Beinarbeit optimal kombiniert.

STANGENTRAINING

EIGNET SICH BESONDERS ...

– für Pferde, die oft stolpern;

EIGNET SICH NICHT ...

– für Pferde, die nicht sicher geführt werden können;

GEHT AUF KEINEN FALL ...

– wenn akute Sehnenverletzungen vorliegen.

auch Schaumstoffgassen nutzen, wenn Sie Bedenken haben, dass Ihr Pferd stolpert. Es gibt allerdings auch Pferde, die die softe Version nicht für voll nehmen, die Hufe nicht mehr anheben und einfach darauf treten. In diesem Fall arbeiten Sie ruhig mit Holz- oder Plastikstangen, damit der Anreiz größer ist, diese nicht zu touchieren.
Ein feiner Nebeneffekt: Durch die unterschiedlichen Höhen und Abstände muss das Pferd auch unterschiedliche Muskeln nutzen, um dieses Hindernis zu bewältigen. Es lernt zu taxieren und bekommt mehr Gefühl dafür, wo es seine Beine hinsetzt. Sie können diese Übung auch mit Körperband machen, um die Wahrnehmung noch zusätzlich zu schulen. So wird aus Körper-Klaus bald Super-Mario.

Beim Hochklettern auf die Podeste werden viele unterschiedliche Muskeln benötigt, wir haben also ein gutes Ganzköper-Workout. Die Muskeln arbeiten konzentrisch und verkürzen sich.

Smarty schnuppert kurz Höhenluft und konzentriert sich schon auf den Abstieg. Hier müssen seine Muskeln eher exzentrisch arbeiten.

DAS DREIER-PODEST

Beim Dreier-Podest hat das Pferd viel mehr Platz als auf einem klassischen Podest, wie man es aus den Zirkuslektionen kennt. Deswegen kann Ihr Pferd auch ein bisschen Schwung nutzen, um hoch zu klettern. Damit die Übung nicht gefährlich wird, sollte sie in Ruhe ausgeführt werden. Bauen Sie doch beispielsweise eine kleine Pause auf dem mittleren Podest ein und lassen Sie Ihr Pferd kurz innehalten. Anfänger dürfen, oben angekommen, natürlich auch gerne ein Leckerchen zur Belohnung bekommen und nachdenken. Sie werden sehen, wie Ihr Pferd jedes Bein bewusst setzt. Wer sich so konzentrieren muss, geht nach dem Training auch zufrieden und müde sein Heu fressen.

EINE KREATIVE PAUSE DARF SEIN UND LÄDT ZUM NACHDENKEN EIN.

1

WISSEN FÜR EXPERTEN

Konzentrische Muskelaktivität:
Verkürzung des Abstands zwischen Ursprung und Ansatz des Muskels.

Exzentrische Muskelaktivität:
Verlängerung des Abstands zwischen Ursprung und Ansatz des Muskels.

Isometrische Muskelaktivität:
Bei der isometrischen Muskelaktivität bleibt der Abstand zwischen Ursprung und Ansatz der Muskulatur konstant.

DIE WIPPE

Die Wippe gehört zu den schwierigeren Aufgaben im Parcours, weil sie sich bewegt. So muss das Pferd lernen, sich Schritt für Schritt voranzuarbeiten. Es darf nicht nach vorne stürmen.
Grundvoraussetzung für die Arbeit an der Wippe ist gutes Führtraining am Boden. Es wäre zu gefährlich, wenn das Pferd unkontrolliert über das Hindernis rennt und unterwegs womöglich von der Wippe abspringt.

2

3

Üben Sie also zunächst am Boden, Ihr Pferd mit klaren Signalen korrekt und sicher zu steuern. Legen Sie Wert darauf, dass es auf Stimmkommando und Körpersprache immer nur einen Schritt macht, und zwar so, wie Sie es ihm vorgeben. Es darf nicht unkonzentriert einfach loslaufen und es muss Ihnen auf diesem wackligem Hindernis vertrauen. Die Wippe ist auch deswegen so spannend für die Pferde, weil sich das Hindernis beim Überqueren ständig verändert. Deswegen sollte man im Parcours erst die Aufgaben üben, die sich nicht selbstständig bewegen. Klappt das einwandfrei, können Sie sich an die Wippe wagen.

Der wacklige Untergrund ist eine sinnvolle Ergänzung zum propriorezeptiven Training und verbessert die Trittsicherheit im gesamten Pferdealltag. Sie werden zum Beispiel auch feststellen, dass Hängerfahren zur Nebensache wird, weil der Gleichgewichtssinn Ihres Pferdes immer besser wird.

1. Jede Wippe beginnt mit dem ersten Schritt.

2. Anja nimmt die Hand nach vorne, um die Richtung anzugeben. Der Führstrick sollte lang genug sein, falls das Pferd beim Umkippen der Wippe einen Satz macht.

3. Geschafft! Auch Pferde werden durch Situationen, die sie meistern, souveräner.

Da der Schwebebalken so schmal ist, muss Smarty ganz konzentriert ein Bein vor das andere setzen, um nicht das Gleichgewicht zu verlieren.

1. Es ist viel Kraft nötig, um sich abzudrücken. Das gibt einen straffen Po!

2. Ganzkörper-Workout deluxe: Beim Abstieg strecken sich Vorhand und Bauch, hinten ist noch konzentrische Muskelarbeit gefragt.

DER SCHWEBEBALKEN

Trainieren Sie die Geschicklichkeit Ihres Pferdes und stärken Sie sein Selbstbewusstsein, denn Turnen auf dem Schwebebalken ist seit 1936 eine olympische Disziplin ...
Der Schwebebalken oder Balance Beam sieht zunächst total einfach aus, erfordert aber ein hohes Maß an Körperspannung und Gleichgewichtsgefühl. Gleichzeitig wird die Konzentrationsfähigkeit geschult.
Erwarten Sie keine Übungen, die am Boden nicht einwandfrei funktionieren. Ein Pferd, das noch nicht sicher geführt und angehalten werden kann, ist auch nicht so weit, einen Parcours mit Hindernissen zu absolvieren. Das würde lediglich Angst erzeugen und das Pferd kann kein Vertrauen in seine eigene Leistungsfähigkeit entwickeln. Profis können die Übung variieren, indem sie auf dem Schwebebalken anhalten und ein oder zwei Tritte rückwärtsrichten!

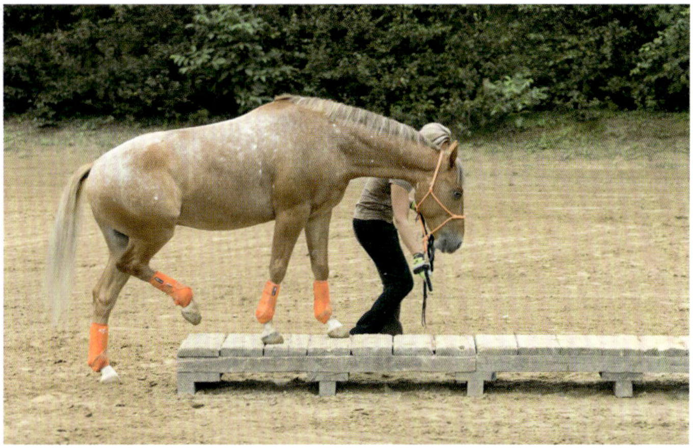

1

2

Gemeinsam wachsen

Anja & Momo

Ich bin schon lange Jahre als Horsemanship-Trainerin unterwegs und habe bei Pat Parelli und anderen Größen gelernt. Quarter Horse-Wallach Momo ist seit drei Jahren das Pferd an meiner Seite. Er zwingt mich oft, neue Wege zu gehen oder einen Gang herunterzuschalten. Das ist für mich wahrlich nicht immer die leichteste Aufgabe!

Quarter sind von Natur aus gelassen!

Dieses Vorurteil widerlegt Momo zu 100 Prozent. Er hat vor vielen Dingen Angst und reagiert mit Flucht oder erstarrt. Er ist oft unsicher und braucht eine starke Schulter an seiner Seite.

Immer wieder aufs Neue …

… muss man mit Momo Übungen wiederholen und ihn in fremden Situationen bestärken. Zuspruch und Ruhe sind für ihn die beste Belohnung, und durch kontinuierliche Arbeit ist er inwischen richtig cool geworden. Für ihn ist es wichtig, gewohnte Abläufe zu haben. Veränderungen verunsichern ihn.

Introvertiert statt ruhig

Bei Pferden wie Momo denkt man oft, sie wären ruhig und gelassen. Dabei ist er sehr introvertiert und macht viele Sachen mit sich selbst aus. Das führt bei ihm schnell zu Stress und zu Magenproblemen. Es ist also ein ständiger Drahtseilakt, ihn zu fördern und gleichzeitig nicht zu überfordern.

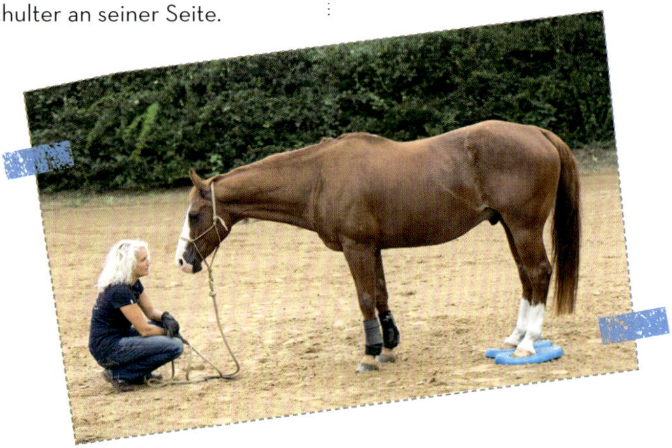

Symbiose

Momo vermittelt mir immer, dass in der Ruhe die Kraft liegt. Ich gebe ihm genug Sicherheit, damit er wachsen kann. Gleichzeitig lehrt er mich, dass weniger mehr sein kann.

Katrins Tipp

Momo ist ein gutes Beispiel dafür, dass gestresste Pferde nach außen ganz ruhig wirken können. Es ist unsere Aufgabe, Stresssymptome frühzeitig zu erkennen und die Faktoren abzustellen. Das können Boxennachbarn sein, mit denen man sich nicht versteht, oder die Herde, mit der man rausgeht. Es kann zu wenig oder zu viel Training sein. Seien Sie sensibel und beobachten Sie Ihr Pferd.

Momos Motto

Wir haben uns gefunden, um gemeinsam zu wachsen.

PILATES

DEHNEN – ABER RICHTIG

Richtiges Dehnen ist entscheidend im Pilates! Es mobilisiert den ganzen Körper und gehört zu jedem Training dazu.

Übungen für die Beweglichkeit

Pilates ist eine sinnvolle Ergänzung zur eigentlichen Sportart und -disziplin. Es fördert die Balance, optimiert die Körperhaltung und stärkt schonend das sogenannte „Powerhouse", die Muskulatur der Körpermitte. Hiervon profitiert jedes Pferd und auch der Reiter selbst.

So wie wir Menschen durch zunehmend sitzende Tätigkeiten und monotone Bewegungsabläufe Rückenschmerzen und Schulterverspannungen entwickeln, gibt es auch beim Pferd verschiedene Neuzeitfaktoren, die zu Bewegungseinschränkungen führen.
Zu wenig Bewegung, schlecht sitzende Sättel oder falsches Reiten führen auf Dauer zu einer verkürzten Schrittlänge und einem Mobilitätsverlust der gesamten Wirbelsäule.
Besonders in der seitlichen Biegung werden Blockaden und Muskelverkürzungen häufig zu einem Problem.
In meinem Praxisalltag wird deutlich, dass nicht nur osteopathische Blockaden zu Einschränkungen führen, sondern es ist der zum Schutz der Gelenke entstandene Muskeltonus, die hohe Spannung in der Muskulatur, die eine korrekte Muskelkontraktion und -dehnung gar nicht mehr zulässt. Eine Kettenreaktion, die oft nicht unter dem Reiter gelöst werden kann, jedoch mit gymnastizierender Arbeit am Boden und gezielten Dehnübungen.

PILATES …

IST BESONDERS GUT …

- für Pferde, die unbeweglich (steif) sind;

EIGNET SICH NICHT …

- für Pferde, die dominant werden, wenn man sie aus der Hand füttert.

DEHNEN, HALTEN, LOCKERN

Für das eigentliche Pilates-Training bieten sich Übungen aus den zirzensischen Lektionen und Dehnübungen aus der Physiotherapie an. Diese werden immer im Stand und nicht in der Bewegung ausgeführt.
Ein Muskel sollte nicht überdehnt werden. Muskelspindeln messen daher seine Länge. Sie veranlassen, dass er sich reflektorisch zusammenzieht, wenn man zu früh oder zu ruckartig dehnt. Aus diesem Grund werden Dehnübungen langsam und mit Bedacht gemacht. Die Dehnung sollte, je nach Trainingsstatus und vorherigem Aufwärmen, für etwa zwanzig Sekunden gleichmäßig gehalten werden. Ziel ist es, die aufgewärmten Muskeln abwechselnd anzuspannen und zu dehnen. Die Reihenfolge ist: dehnen, halten, lockern.
Die isometrischen Übungen wirken auf den ersten Blick leicht, sind aber hoch effektiv und sehr anstrengend für das Pferd. Daher empfehle ich als Ausgleich für den nächsten Tag lockeres Training ohne Reiter.
Wie schon erwähnt: Ein mindestens viertelstündiges Aufwärmen sollte jedem Training, egal ob mit oder ohne Reiter, vorausgehen. Neben der verstärkten Bildung von Gelenkschmiere wird das Herz-Kreislauf-System auf Betriebstemperatur gebracht. Das gilt auch für die Pilates-Übungen, um das Verletzungsrisiko zu verringern.

PILATES UND BESCHWERDEN

Grundsätzlich sollten Besitzer, deren Pferd augenscheinliche Beschwerden oder bereits diagnostizierte Rückenerkrankungen wie z. B. Arthrose oder Kissing Spines hat, Pilatesübungen nur nach Absprache mit dem behandelnden Tierarzt oder Physiotherapeuten durchführen. Es gilt, eventuelle Folgeschäden zu vermeiden und bewusst Übungen zu kombinieren, die Schwachstellen ausmerzen und gezielt Haltemuskulatur aufbauen.

DIE KAROTTEN-ÜBUNG

Kann Ihr Pferd eine Möhre oder ein Leckerli an der Seite nehmen und sich in Richtung des Knies dehnen? Dies ist unsere erste Pilates-Übung, die ich Ihnen zeige.
Die Übung sollte nicht ruckartig ausgeführt werden. Berühren Sie mit der Möhre die Lippen Ihres Pferdes und begleiten Sie es langsam in die Dehnung. Seien Sie geduldig, am Anfang klappt die Übung meist noch nicht perfekt! Halten Sie die Dehnung für etwa zehn bis fünfzehn Sekunden. Wiederholen Sie die Übung abwechselnd auf beiden Körperseiten, etwa zehnmal rechts und zehnmal links.

Die Karotten-Übung klappt meistens, bedingt durch die natürliche Schiefe, einseitig besser. Hier hilft nur regelmäßiges Dehnen in beide Richtungen.

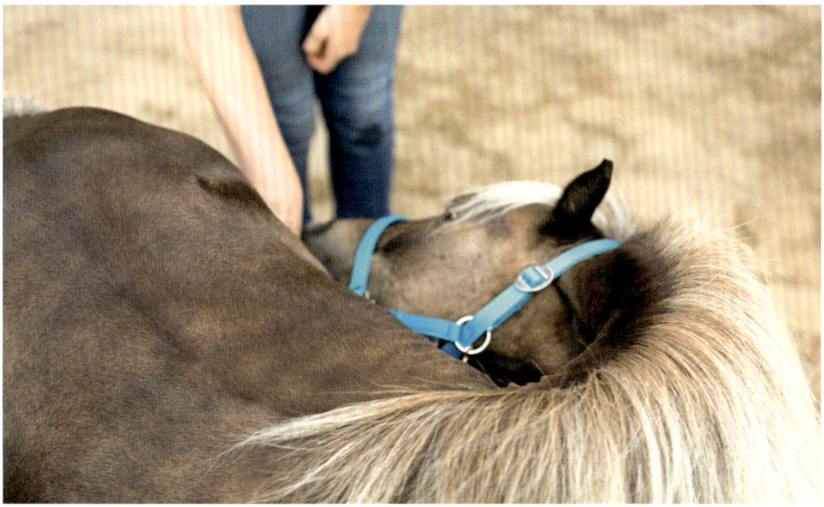

Der gymnastizierende Effekt geht über den ganzen Rücken bis zum Ende der Wirbelsäule.

Bei dieser Übung wird die seitliche Halsmuskulatur gedehnt. Der Übergang vom Hals zur Schulter wird besonders gymnastiziert, kleinere Bewegungseinschränkungen lösen sich. Es kann sein, dass Sie ein Knacken hören – erschrecken Sie nicht, Sie haben eine Blockade gelöst, das ist ungefährlich. Manche Pferde reagieren mit Kauen und Schlecken, manche mit Gähnen auf das neue Körpergefühl.

PLIÉ

Das Plié ist die beste Übung, um den Rücken des Pferdes aufzuwölben. Stellen Sie sich vor, die Wirbelsäule ist eine Perlenkette. Durch das Aufwölben bekommt jede Perle ein kleines bisschen mehr Platz und damit mehr Mobilität. Genau das gleiche passiert in der Wirbelsäule: Die Abstände vergrößern sich und die Beweglichkeit nimmt zu. Gleichzeitig werden die umliegenden Strukturen wie Bänder und Muskeln gedehnt. Gerade mit Pferden, die zum Hohlkreuz neigen oder Rückenprobleme haben, sollten Sie diese Übung zwei- bis dreimal pro Woche im aufgewärmten Zustand machen.

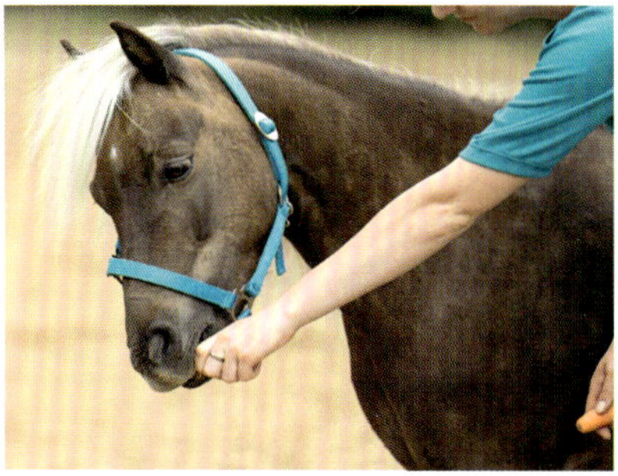

Berühren Sie mit einer Möhre die Lippen.

Locken Sie das Pferd mit der Möhre nach unten.

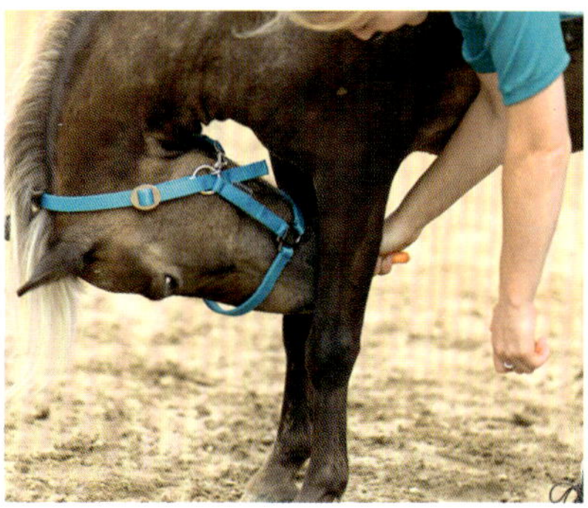

Wenn die richtige Kopfposition erreicht ist, darf die Möhre gegeben werden.

Wichtig beim Pliè ist, dass Ihr Pferd versteht, was Sie von ihm möchten. Nehmen Sie zwei Möhren (das ist ungefährlicher für die Finger als zu kleine Leckerlis) und berühren Sie das Pferd damit an den Lippen. So kommt es auf den Geschmack und folgt der Möhre. Bewegen Sie Ihre Hand nach unten. Zwischen den Beinen erfolgt der Handwechsel. Da das Pferd hier nichts sieht, berühren Sie mit der Möhre immer noch die Lippen, um den Kopf tiefer zu locken.
Am besten ist es, wenn die Übung knapp über dem Karpalgelenk (Vorderfußwurzelgelenk) ausgeführt wird, da sich in dieser Position der Rücken optimal aufwölbt. Bei den ersten Versuchen ist es sinnvoll, wenn ein Helfer aus einer Entfernung von ein bis zwei Metern beurteilt, in welcher Kopf-Hals-Position der Rücken ideal gedehnt ist. Sie selbst erkennen das direkt neben dem Pferd nicht. Dadurch passiert es leicht, dass Sie die Möhre zu tief halten und das Pferd mit den Vorderbeinen einknickt.

1

1. So ist es richtig, alle Beine bleiben gestreckt und der Rücken wird aufgewölbt.

2. So bitte nicht! Die Vorderbeine knicken ein und es besteht Verletzungs- oder sogar Sturzgefahr!

2

GENICK STRECKEN

Die Übung „Genick strecken" ist besonders bei Pferden mit geringer Ganaschenfreiheit sinnvoll. Das Genick öffnet sich und kleinere Blockaden in der Halswirbelsäule lösen sich durch die Streckung. Die Unterhalsmuskulatur entspannt sich.

Ziel ist es, dass die Stirn eine Linie mit dem Oberhals bildet und die Ohren auf gleicher Höhe bleiben – genau so ist die Übung richtig ausgeführt und das Pferd verdreht sich nicht im Genick. Nutzen Sie wieder eine Möhre, berühren Sie damit die Lippen des Pferdes und ziehen Sie ihm die Möhre so vor der Nase weg, dass sich das Pferd danach streckt. Besonders hungrige Kandidaten kann man hinter eine Absperrung stellen, damit sie nicht nach vorne losmarschieren. Bei den meisten Pferden reicht es aber, die zweite Hand gleichzeitig als Begrenzung auf den Brustkorb zu legen.

TIPP

Diese Übung hilft besonders Pferden mit wenig Ganaschenfreiheit.

Genick strecken: Die Stirn bildet eine Linie mit dem Oberhals, die Ohren bleiben auf gleicher Höhe – genau so ist die Übung richtig ausgeführt und das Pferd verdreht sich nicht im Genick.

DIE BERGZIEGE

Die Bergziege ist keine ganz so einfache Übung und muss Schritt für Schritt erarbeitet werden. Ziel ist es, dass die Hinterbeine so nah wie möglich an die Vorderbeine gestellt werden.

Beginnen Sie die Übung mit einer optisch eindeutigen Barriere, wie zum Beispiel einer Stange. Lassen Sie das Pferd vor dieser Barriere anhalten und locken Sie es wieder mit einer Möhre. Meistens bewegt es automatisch die Hinterhand einen Schritt nach vorne. Belohnen Sie das Pferd sofort. So können Sie Schritt für Schritt die Dehnung verbessern und die Übung langsam aufbauen. Ihr Pferd wird verstehen, dass es mit den Hinterbeinen herantreten soll.

Die Bergziege ist dann perfekt, wenn die Hinterbeine an oder zwischen den beiden Vorderbeinen stehen

Die Bergziege ist anspruchsvoll. Üben Sie zu Beginn mit einer deutlich sichtbaren Abgrenzung.

1

2

1. Bei Fortgeschrittenen reicht ein dünner Strick als optische Barriere.

2. So ist die Übung vollendet, es ist keine Markierung mehr notwendig.

und das Pferd diese Position für etwa zehn Sekunden halten kann. Da die Aufgabe viel Anspannung und Kraft erfordert, sollte man sie am Anfang nur ein- oder zweimal abfragen. Besonders Pferde, die Probleme beim Untertreten haben, profitieren von dieser Übung.

Wer pfuscht und die Abgrenzung ignoriert, wird nett, aber bestimmt wieder zurückgeschoben.

Bei der „Bergziege" wird die gesamte Oberlinie und die hintere Sitzbeinmuskulatur gedehnt. Gleichzeitig mobilisiert diese Übung die Wirbelsäule, denn das Pferd wölbt sie aktiv auf. Dadurch vergrößert sich der Abstand zwischen den einzelnen Wirbelsegmenten, Blockaden lösen sich und der Bewegungsradius wird verbessert.
Vom ersten Üben bis zur perfekten Ausführung kann es ruhig 14 Tage dauern, da die hintere Sitzbeinmuskulatur sich erst an die Dehnung gewöhnen muss.

RICHTIG ÜBEN

Pilates kann als schöne Abwechslung in den Wochenplan integriert werden. Es lockert Verspannungen und erhöht die Beweglichkeit. Bergziege und Plié dehnen die hintere Sitzbeinmuskulatur, verbessern das aktive Untertreten und die Lastaufnahme durch die Hinterhand. Der gesamte Rücken wird gedehnt. Pferde, die meist im Hohlkreuz stehen und eine verkürzte Rückenmuskulatur aufweisen, erreichen durch diese Übungen einen höheren Bewegungsradius und trainieren gleichzeitig ihre Bauchmuskulatur.
Üben Sie zwei- oder dreimal pro Woche. Je nach Trainingszustand Ihres Pferdes machen Sie fünf bis zehn Wiederholungen zu je zehn bis zwanzig Sekunden (sauber ausgeführt und gehalten). Sollten Sie hierbei ein Zittern, zum Beispiel in der Schultermuskulatur oder Hinterhand des Pferdes beobachten, beenden Sie die Übung, um eine Überlastung und daraus resultierende Verletzungen und Schmerzen zu vermeiden. Reduzieren Sie die Trainingsintensität, wiederholen Sie nur ein- bis zweimal. Schalten Sie einen Gang zurück und steigern Sie wieder langsam.
Wichtig bei allen Pilates-Übungen: Wärmen Sie das Pferd gründlich auf, um Verletzungen (besonders Zerrungen) zu vermeiden. Die Übungen sind nicht so einfach, wie sie aussehen!

Neue Wege gehen

Rebecca & Marvin

Abwechslung pur! Um dem kleinen Charmeur von nur einem Meter Stockmaß einen abwechslungsreichen Alltag zu bieten, lasse ich mir immer wieder etwas Neues einfallen. Mein sechsjähriger Partbred Shetty-Wallach Marvin wird vor der Kutsche gefahren und liebt es, Tricks vorzuführen. Langzügelarbeit und Bodenarbeit gehören für uns genauso zum Training wie eine Runde Aquafitness im nahegelegenen Rhein.

Marvin ist der Größte

Aus Mangel an gut reitenden Knirpsen wurde Marvin bisher leider nur im Schritt geritten. Ich selbst bin zu groß und zu schwer, um jemals auf Marvin zu sitzen, aber wir erleben auch so viele gemeinsame Abenteuer. Für mich ist er der Größte!

Überzeugungsarbeit

Grundsätzlich ist Marvin eher eine faule Socke. Er lässt sich aber sehr schnell (besonders kulinarisch) motivieren und läuft dann zur Höchstform auf.
Zu Marvins Lieblingsspeisen gehören Möhren und Äpfel, dafür tut er fast alles. Marvin ist intelligent und lernt sehr schnell.

Gegen alle Klischees

Marvin ist der beste Beweis gegen das Vorurteil, dass Shetland-Ponys rund und unsportlich sind. Gemeinsam mit seinen Kumpels lebt er in einem kleinen Offenstall, wo er sich so viel bewegen kann, wie er möchte. Mir ist sehr wichtig, dass Marvin nicht zu dick wird. Es wäre der absolute Horror für mich, bekäme er Hufrehe oder andere dadurch bedingte Erkrankungen. Um das zu verhindern, hat er jeden Tag Sport und Bewegung auf dem Stundenplan stehen. Besonders vor der Kutsche kommt er richtig ins Schwitzen.

Ein halbes Leben

Marvin ist jetzt sechs Jahre alt und sein halbes Leben bei mir. Ich wünsche mir nichts sehnlicher, als mit meinem kleinen Freund gemeinsam die nächsten 30 Jahre zu verbringen.

Katrins Tipp

Marvin ist unser kleiner Herzensbrecher. Leider werden Ponys häufig gekauft, weil sie so niedlich sind und wenig Platz wegnehmen. Doch im Bedürfnis nach Bewegung und Kopfarbeit steht ein Shetty einem großen Pferd in Nichts nach.
Bedenken Sie bitte, dass Sie auch Ihr Pony täglich auslasten müssen. Wird es nicht richtig geritten, fehlt die Gymnastizierung. Daher sollten regelmäßig Pilates und Bodenarbeit auf dem Programm stehen, damit das Pony fit und geschmeidig bleibt.
Ein Glück, dass der sportliche Marvin bei Rebecca gelandet ist. Die lässt sich nämlich wie ein guter Personal Trainer immer wieder etwas Neues für seine Fitness einfallen.

Marvins Motto

Mit Charme hat man es im Leben leichter!

COOL-DOWN

ENDE GUT – ALLES GUT

KRÖNENDER ABSCHLUSS
Wälzen nach getaner Arbeit ist eine wahre Wohltat für Faszien und Pferdeseele.

Ein gutes Trainingsende

Ebenso wie Sie ein Training langsam mit einem Warm-up beginnen sollten, ist es wichtig, dass Sie es auch langsam auslaufen lassen. Im abschließenden Teil des Trainings sollten Entspannung und Abwärmen im Fokus stehen, um so möglichen Muskelkater zu reduzieren.

Nach einer Trainingseinheit oder einem anstrengenden Wettkampf ist es wichtig, Körper und Geist wieder in einen Normalzustand zu bringen. Im Cool-down werden Stoffwechselprodukte wie Laktat und CO_2 abgebaut, die Muskeln können sich wieder entspannen und lang machen.
Auch Adrenalin, welches beispielsweise im Parcours ausgeschüttet wird, muss langsam wieder reduziert werden. Reiten oder führen Sie Ihr Pferd doch einfach noch eine Runde gemütlich im Schritt um den Hof, so kommen sie gemeinsam wieder herunter und es gibt keinen Muskelkater.

RUNDUM VERSORGT

AKTIVES COOL-DOWN

- Auslaufen z. B. im lockeren Trab am langen, hingegebenen Zügel
- Schritt gehen
- Dehnen/siehe Pilates

PASSIVES COOL-DOWN

- Solarium
- Kneipp'sche Güsse
- Abpflegen

ZURÜCK ZUM RUHEPULS

Wann genau Sie diese Phase des Cool-downs beenden können, erkennen Sie an der Atmung und dem Puls Ihres Pferdes.
Der Puls des Pferdes sollte wieder so sein, als ob es im Stall steht und nicht arbeitet. Das ist der sogenannte Ruhepuls. Er liegt bei 28 bis 40 Schlägen pro Minute, und Sie können ihn mit etwas Übung an der Schläfe des Pferdes fühlen. Noch einfacher ist es, wenn Sie die Atmung des Pferdes beurteilen. Ein gesundes Pferd in Ruhe macht etwa 8 bis 16 Atemzüge pro Minute, die man entweder an der Nüster oder am Bauch gut mitzählen kann. Sehen Sie, dass der Bauch die Atmung noch aktiv unterstützen muss, wäre es zu früh zum Aufhören.

ABPFLEGEN

Nach dem Absatteln ist eine gute Gelegenheit, das Pferd rundum noch einmal zu checken. Beim Abpflegen, wie man früher sagte, können Sie die Beine Ihres Pferdes direkt abfühlen. Gibt es Schwellungen oder Stellen, die wärmer sind? Machen Sie den Seitenvergleich, wenn Sie sich nicht sicher sind. Falls Ihr Pferd Hufeisen trägt ist es wichtig, dass Sie überprüfen, ob alles noch sitzt, damit Ihr Vierbeiner nicht bis zum nächsten Tag mit einem krummen Eisen laufen muss.

Wasser marsch

Zu einem guten Abschluss des Trainings gehört bei passender Wetterlage auch das Abwaschen des Pferdes. Aber Hand aufs Herz – möchten Sie nach einer sportlichen Aktivität eiskalt abgeduscht werden? Denn viel wärmer ist auch im Sommer das Brunnenwasser leider nicht. Ich empfehle immer, bereits vor dem Training einen

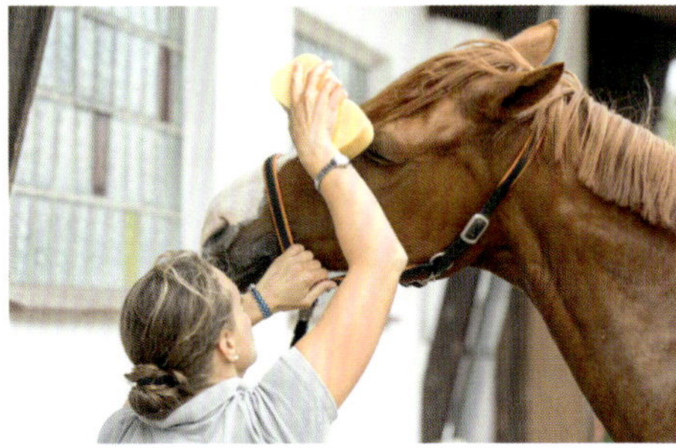

1

2

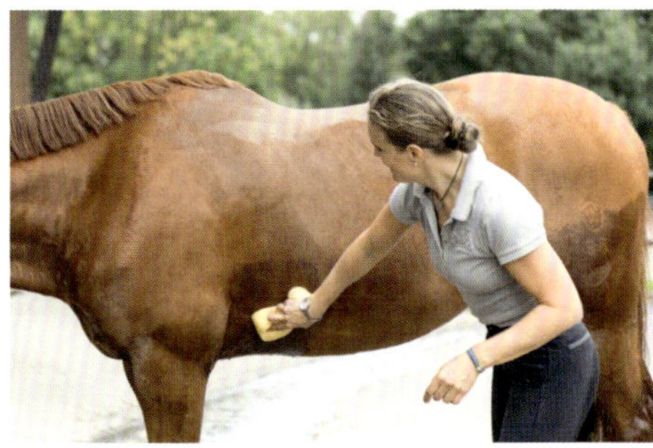

3

1. Gesicht waschen finden nicht nur Kinder doof – aber was sein muss, muss sein.

2. Verstopfte Talgdrüsen enstehen meist durch mangelnde Hygiene. Auch die Satteldecke muss regelmäßig gewaschen werden.

3. Vernachlässigen Sie die „Unterbodenwäsche" nicht …

Feierabend. Jetzt kann auch Zwerg müde und zufrieden ins Strohbett.

Eimer mit Wasser vorbereiten, das sich dann in der Sonne langsam erwärmen kann. Mithilfe eines großen Schwamms lassen sich Gurt- und Sattellage und auch der Kopf vom Schweiß reinigen. So beugen Sie verstopften Talgdrüsen vor, denn beim Schwitzen lagern sich Mineralien auf der Haut ab, die Hautirritationen oder Reizungen verursachen können.

Kneipp'sche Güsse

Selbst bei heißen Temperaturen empfinden viele Pferde es als unangenehm, am ganzen Körper kalt abgeduscht zu werden. Da es auch den Körper belastet, wenn man eine Ganzkörperdusche direkt nach dem Training startet, beginnen Sie mit dem Kneipp'schen Guss immer an den Beinen. So wird der Kreislauf vorbereitet. Fließendes Wasser kühlt und massiert gleichzeitig und ist deswegen sehr effektiv. Durch kaltes Wasser verengen sich die Venen zunächst, das beugt Entzündungen vor. Stoppt die Abkühlung, so weiten sich die Gefäße wieder und die Beine werden stärker durchblutet, wodurch Stoffwechselendprodukte schneller abtransportiert werden.

Nehmen Sie sich ruhig drei bis fünf Minuten Zeit, um die Pferdebeine ausgiebig zu kühlen. Der Kreislauf wird angeregt, die Abwehrkräfte gestärkt und die Gefäße werden gekräftigt. Fangen Sie mit dem Abspritzen herzfern an, also am rechten Hinterbein. Wechseln Sie dann zum linken Hinterbein. Anschließend kommen die Vorderbeine dran, zuerst vorne rechts, dann vorne links. Bewegen Sie den Wasserschlauch in kreisenden Bewegungen von unten nach oben und achten Sie darauf, dass der Strahl nicht zu fest ist.

Geschenkte Zeit

Sabine & Lee Kitty Rose

Kitty und ich sind seit dreiundzwanzig Jahren ein eingespieltes Team und gemeinsam in den Disziplinen Western Trail, Horsemanship, Pleasure, Ranch Riding und Showmanship at Halter im Turniersport unterwegs.

Abwechslung ist alles

Nachdem ich zunächst im Englischsattel „groß“ wurde, entdeckte ich 1990 meine Leidenschaft für das Westernreiten. Mit Lee Kitty Rose, einer Rheinländerstute, die als Fohlen zu mir kam, verbindet mich eine wundervolle Partnerschaft. Abwechslungsreiches Training im Gelände gehört für uns genauso zu unserer Arbeit wie Übungen zu Geschicklichkeit und gymnastizierende Elemente aus der Dressur. Kitty ist ein unglaublich aufmerksames Pferd, ihr entgeht nichts. Sie ist sehr unternehmungslustig, auch auf eigene Faust, und sie hat viele Ideen.

Manchmal erinnert mich Kitty an eine kleine Prinzessin, die überall ihre Nase hineinsteckt und alles mitbekommen muss. Aber sie ist immer motiviert: Egal ob Kitty allein in den Hänger geht oder sich durch das Stangenmikado arbeitet – man merkt, dass sie Lust hat, zu arbeiten.

Wie ein altes Ehepaar …

Durch wöchentliches Gelassenheitstraining und viele auswärtige Turnierbesuche sind wir ein bisschen wie ein altes Ehepaar geworden. Zwischen uns herrscht ein blindes Vertrauen und jeder Handgriff sitzt. Wir können uns absolut aufeinander verlassen.

Katrins Tipp

Jeder wünscht sich für sein Pferd so einen tollen Apfel-Po, wie Kitty ihn hat. Leider neigt die Stute aber auch zu Übergewicht und hat schwache Bauchmuskeln. Dank konsequentem, abwechslungsreichem Training und viel Bewegung ist dies nie zu einem Problem geworden. Für Pferde wie Kitty bieten sich frische Galopp-Einheiten und Stangenarbeit an, um das Powerhouse zu stärken.

Kittys Motto

Vertrauen ist gut, Kontrolle ist besser.

SERVICE

Zum Weiterlesen

Bührer-Lucke, Gisa: **Schüßler Salze für Pferde,** Pferdegesundheit kompakt; KOSMOS 2020
Schüßler-Salze sind sanft, verbessern aber wirkungsvoll die Gesundheit Ihres Pferdes. Dieser Kompaktratgeber zeigt, welches Mittel das richtige ist und wie es verabreicht werden muss.

Charles, Iris: **Fit aufs Pferd;** Kraft, Koordination, Körperspannung; KOMOS 2021
Nicht nur die Fitness des Pferdes, sondern auch Kondition und Koordination des Reiters entscheiden darüber, ob das Pferd-Reiter-Paar harmoniert. Dieses Buch zeigt, wie Reiter beweglich im Sattel sitzen und mit welchen Übungen sich Sitzprobleme aus der Welt schaffen lassen. Mit Fitnesstest und 7-Minuten-Workouts.

Hembes, Silke: **Der Weg zum guten Reiten,** Motivierende und klare Hilfen; KOSMOS 2020
Silke Hembes zeigt das Basisprogramm für gutes Reiten, von dem Dressur-, Western- und Gangpferdereiter profitieren. Durch konsequente positive Verstärkung werden die Pferde zu hoch motivierten Freizeitpartnern.

Masterson, Jim, mit Reinhold, Stefanie: **Körperarbeit für Pferde,** Locker, entspannt, gelöst mit der Masterson-Methode; Edition WuWei 2018
Körperarbeit und Massage lösen tiefe Verspannungen beim Pferd. Dieses Buch zeigt Handgriffe und Anwendungen, mit denen jeder Reiter sein Pferd individuell behandeln kann.

Obst, Katrin: **Fit mit Obst,** Noch Mehr Übungen aus dem Fitnessstudio; KOSMOS 2020
Obst macht gesund! Von diesem Motto der „hundkatzemaus"-Expertin Katrin Obst profitieren Pferde, Reiterinnen und Reiter. Mit Fitness-Übungen wie Pole-Dance oder Yoga für Pferde zeigt Katrin Obst, wie viel Spaß ein gutes Training machen kann.

Wild, Jenny / Claßen, Peer: **Übungsbuch Natural Horsemanship;** KOSMOS 2020
Jenny Wild und Peer Claßen erklären die grundlegenden Übungen der Kommunikation mit Seil und Halfter. Sie zeigen, wie man das Pferd am Boden sicher bewegt.

Wild, Jenny / Claßen, Peer: **Die Persönlichkeit meines Pferdes,** Mit Typbestimmung und passenden Übungen; KOSMOS 2019
Dieses Buch beschreibt vier Grundpferdetypen, erklärt, wie man das Verhalten seines Pferdes richtig deutet und zeigt Übungen, die es typgerecht fördern.

Wilsie, Sharon: **Mit Pferden sprechen,** Erfahrungen aus dem Alltag mit Pferden; KOSMOS 2019
Sharon Wilsie erklärt anhand vieler Geschichten und Fallbeispiele, wie die Pferdesprache im täglichen Umgang mit dem Pferd so eingesetzt wird, dass eine völlig neue Partnerschaft entsteht.

Nützliche Adressen

www.sanihorse.de
Hier finden Sie alles für ein abwechslungsreiches Training und die Gesunderhaltung Ihres Pferdes.

www.naturtrail-to-go.de
Vermietung von Trail-Hindernissen, Working Equitation Parcours und Co.

www.duelmener-naturtrailpark.de
Im Naturtrailpark lernt Ihr Pferd Trittsicherheit und Koordination.

www.fuehrung-mit-herz.com
Mobiler Unterricht in Horsemanship, Verladetraining u.v.m.

www.gestuet-moorhof.de
Marius Schneider
Schule für Reitkunst – Ausbildung von Pferd & Reiter
Bechtrup 63, 59348 Lüdinghausen

Deutsche Reiterliche Vereinigung e. V. (FN)
Freiherr-von-Langen-Str. 13
D-48231 Warendorf
Tel. +49-(0)2581-63620
www.pferd-aktuell.de

Österreichischer Pferdesportverband (OEPS)
Geiselbergstraße 26-32/Top 512
A-1110 Wien
Tel. +43-(0)1-7499261
www.oeps.at

Schweizerischer Verband für Pferdesport (SVPS)
Papiermühlestr. 40 H
Postfach 726
CH-3000 Bern 22
Tel. +41-(0)31-3354343
www.fnch.ch

Pferde-News von KOSMOS gibt es auch auf Facebook
facebook.com/kosmos.pferde

Danke …

Mein größter Dank geht an die drei Männer an meiner Seite: Niclas, Paul & Otto – ich liebe euch!

Außerdem geht ein großes Dankeschön an alle Mitwirkenden:
Yvonne Winkler und Oliver Goldacker mit Smarty
Iris Charles mit dem Superzwerg
Rebecca Grünwald mit Marvin
Anja Schwien mit Momo
Sabine Sroka mit Kitty
Marius Schneider mit Aramis, Olymp, Xeique und Titzian

Danke Birgit Bohnet für deine Geduld.

Danke Sandra Reitenbach von www.sandragrafie.de für deine Bilder und meine Beine.

Marc Brügelmann, Gut Neudellerhof in Ratingen

Familien Langenbach und Gröben, Gut Landfrieden in Ratingen

Familie Kathrin & Frank Ahrens Aßmann – NaturTrail to Go

Tina Dresia für deine Zeit und die guten Tipps

Danke an das Azorenhoch im September, das uns die letzten schönen Bilder ermöglicht hat!

Register

BILDNACHWEIS

153 Farbfotos wurden von Sandra Reitenbach/Kosmos für dieses Buch aufgenommen. Das Bild auf Seite 2/3 stammt von Christiane Slawik.

IMPRESSUM

Umschlaggestaltung von GRAMISCI Editorial Design, Cornelia Sekulin, München, unter Verwendung von zwei Farbfotos von Sandra Reitenbach/Kosmos.

Mit 154 Farbfotos

Alle Angaben in diesem Buch erfolgen nach bestem Wissen und Gewissen. Sie entbinden den Pferdehalter nicht von der Eigenverantwortung für sein Tier. Autorin und Verlag übernehmen keinerlei Haftung für Personen-, Sach- und Vermögensschäden, die aus der Anwendung der vorgestellten Materialien und Methoden entstehen können.

Unser gesamtes Programm finden Sie unter **kosmos.de.**
Über Neuigkeiten informieren Sie regelmäßig unsere Newsletter, einfach anmelden unter **kosmos.de/newsletter**

Gedruckt auf chlorfrei gebleichtem Papier

ISBN 978-3-440-15832-6
Redaktion: Birgit Bohnet
Gestaltung und Satz: Atelier Krohmer, Dettingen/Erms
Produktion: Hanna Schindehütte
Druck und Bindung: Westermann Druck Zwickau GmbH, Zwickau
Printed in Germany / Imprimé en Allemagne

FSC
www.fsc.org
MIX
Papier aus verantwortungsvollen Quellen
FSC® C110508

Obst macht gesund!

»Gemeinsam Sport zu machen, verdoppelt den Spaßfaktor.«

Katrin Obst